要不断尝试新事物。不要满足于现状。要敢于打破现状。试试你自己的想法,说不定就能开创出新的酒店未来。

——精品酒店创始人 IanSchrager

Asia Boutique Hotels

唐艺设计资讯集团有限公司　策划
广州市唐艺文化传播有限公司　编著

印象东方 上

亚洲高端精品酒店

天津大学出版社
TIANJIN UNIVERSITY PRESS

图书在版编目（CIP）数据

印象东方：亚洲高端精品酒店：全2册 / 广州市唐艺文化传播有限公司编著. -- 天津：天津大学出版社，2013.10
 ISBN 978-7-5618-4818-0

Ⅰ.①印… Ⅱ.①广… Ⅲ.①饭店－建筑设计－亚洲－图集 Ⅳ.①TU247.4-64

中国版本图书馆CIP数据核字(2013)第244825号

责任编辑	郝永丽
装帧设计	肖　涛
文字整理	王　燕
流程指导	陈小丽
策划指导	黄　静

印象东方——亚洲高端精品酒店（上）

出版发行	天津大学出版社
出 版 人	杨欢
地　　址	天津市卫津路92号天津大学内（邮编：300072）
电　　话	发行部 022-27403647
网　　址	publish.tju.edu.cn
印　　刷	恒美印务（广州）有限公司
经　　销	全国各地新华书店
开　　本	240mm×280mm
印　　张	47.5
字　　数	545千
版　　次	2014年1月第1版
印　　次	2014年1月第1次
定　　价	698.00元

凡购本书，如有质量问题，请向我社发行部门联系调换

前 言

精品酒店的产生源自稳定成熟的经济基础和长期积淀的文化底蕴，是一种反标准化的产品，代表的是一种与主流酒店的标准化和雷同化相对应的个性化产品。时下精品酒店已经成为中国酒店业时尚的风向标，一些大型饭店管理集团也纷纷进驻这个市场，精品酒店已成为我国酒店业发展的新趋势。

正如精品酒店创始人之一的Ian Schrager设计师所说，"如果将各色的集团酒店比作百货商场的话，那么精品酒店就是专门出售某类精品的小型专业商店了"。精品酒店相对于传统酒店来说要小得多，它们通常是对传统酒店或老式建筑进行再创意设计，营造出一种别具一格的酒店环境，并为宾客提供个性化的酒店产品和服务，同时精品酒店凭借其精致化的品位和个性化的风格来吸引宾客。

精品酒店体现着一个地区的历史、文化与地域特色，以最时尚、前卫的创意设计和艺术美感来打造，无论是酒店外观设计，还是大堂里的装饰性艺术品、客房家具摆设，甚至一个小小的门铃都能体现设计的文化、个性、风格。精品酒店设计不仅能融入现代都市的时尚色彩，成为都市的特色地标，还能点缀在风景如画的自然山水之中，反映一个地区深厚的风土人情，成为一道亮丽的风景。

目前，中国精品酒店的设计趋于注重原创性。好的设计不是抄袭，而是继承发展以前的设计，并适应当前社会发展的要求。精品酒店受到欢迎的原因是它的独特性和唯一性，原创性的设计是其不同于其他类型酒店的首要条件。所以，精品酒店的设计不是盲目地追随流行时尚或拷贝时下热门的设计手法，而是要体现酒店自我的个性。

本书选取了48个亚洲高端酒店项目，分上、下两册，上册为高端精品酒店，下册为高端度假酒店和商务酒店。

在编排上，我们根据当下每种类型酒店的主要开发设计方向，将其划分为本土文化的传承与创新、最大化利用自然景观资源、地域特色与异域风情的融合、新颖独特的设计概念与主题4个类别，以详细的文字说明、高清的图片资料以及独特的版式设计，展示其独特而多样化的设计，揭示其背后所蕴藏的深厚的文化底蕴，为设计师提供全面而多样的演绎方式与参考，启发国内精品酒店设计行业的创新设计思维。

目　录

精品酒店

本土文化的传承与创新

P014
昆山花间堂·周庄季香院

P046
丽江束河元年度假别院

P060
杭州九里云松度假酒店

P074
上海衡山路十二号豪华精选酒店

P092
无锡梁鸿湿地丽笙度假酒店

P106
天津团泊湖假日酒店

P114
三亚半山半岛安纳塔拉度假酒店

P128
高雄Hotel Dua酒店

P138
屏东华泰瑞苑垦丁宾馆

P152
柬埔寨吴哥乡村酒店

P164
以色列Efendi酒店

目 录

新颖独特的设计概念与主题

P176

深圳蓝汐精品酒店

P192

西安威斯汀博物馆酒店

P208

重庆江北威斯莱喜百年设计酒店

P220

新加坡Club Hotel

P228

新加坡圣淘沙湾W酒店

P238

泰国曼谷暹罗凯宾斯基酒店

P248

马来西亚麦卡利斯特酒店

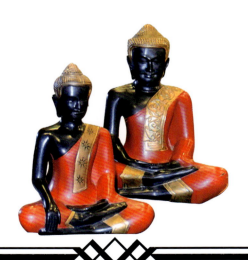

目 录

地域特色与异域风情的融合

P268

云南中信资本御庭德钦精品酒店

P280

南昌洗药湖山庄度假酒店

P296

印度 Tanjore Hi 酒店

最大化利用自然景观资源

P310

泰国 Akatsuki 度假村

P330

新加坡毕麒麟街宾乐雅酒店

Visit the Top Boutique Hotel

精品酒店

随着当今社会的进步与发展，人类进入了多元文化交融的时
与历史价值外，或融合了两种或多种地域特色，或具有新
境优势并享用周边资源，这些独具特色的设计概念成为精品

本土文化的传承与创新
每个国家与地区都有其独特而具有魅力的传统文化，当酒店
折射出来的特色与差异化是一般的酒店无可比拟的。在继承
计师要在吸收传统文化与地域文化精华的基础上，融汇时代

地域特色与异域风情的融合
两种或多种地域特色之间相互借鉴与融合，使酒店设计越来
意识地从文化入手，寻求建筑设计与地域文化的有机融合，
域文化精华，融会贯通。

新颖独特的设计概念与主题
酒店是以某一特定的主题或新颖、极具创意的设计，来体现
术领域的音乐、电影、美术等都可成为酒店的主题，历史、
挥的主题、概念与创意理念。

最大化利用自然景观资源
酒店与周边环境相互制约、相互影响，因此在设计时要充分
境"互塑共生"的关系，尊重当地的地理特征和生态环境，
人合一"的境界。同时，还要灵活地运用当地的地方性材
地方特色。

代，一个成功的精品酒店设计除了依附于其深厚的地域文化
颀、前卫、极具创意的设计魅力，或拥有得天独厚的地理环
酒店的构成元素。

设计植根于这些蕴涵着上千年民族精神的历史文化中时，所
传统的基础上不断创新，才能显示其巨大的生命力。因此设
精华，不断增强原创能力。

越表现出一种相融相和的趋势，这就要求在酒店设计中要有
在发扬本土文化的基础上，充分利用地域文化优势，吸收异

其建筑风格和装饰艺术以及特定的艺术、文化氛围。凡属艺
文化、城市、自然、神话、童话故事等也可成为酒店借以发

考虑当地环境和当地材料等硬件性物质文化，寻求与周边环
将地貌特征、景观资源合理地引入酒店设计中去，寻找"天
计，既能本着节约的原则，就地取材，同时也能充分体现出

P014 昆山花间堂·周庄季香院
P046 丽江束河元年度假别院
P060 杭州九里云松度假酒店
P074 上海衡山路十二号豪华精选酒店
P092 无锡梁鸿湿地丽笙度假酒店
P106 天津团泊湖假日酒店
P114 三亚半山半岛安纳塔拉度假酒店
P128 高雄Hotel Dua酒店
P138 屏东华泰瑞苑垦丁宾馆
P152 柬埔寨吴哥乡村酒店
P164 以色列Efendi酒店

精品酒店之
本土文化的传承与创新

Zhouzhuang Blossom Hill Boutique Hotel, Kunshan

昆山花间堂·周庄季香院

（关键词：江南水乡、还原本土文化）

粉墙黛瓦、厅堂陪弄、临河的蠡窗、入水的台阶，在这里，千年的历史也隐在江南蒙蒙烟雨中，温婉绰约的神韵随着碧波在不经意间一波一波地荡漾开来。在这水乡文化浓厚的氛围下，这幢典型的19世纪建筑融合了传统与现代，将古老中国的特色与现代摩登家具交织在一起，搭配当地特色的手工艺品，使游客沉浸于这座古镇的灵魂与个性之中，并在现代的视觉效果与精致优雅的氛围下恢复活力。

项目概况 花间堂·季香院酒店位于蕴藏浓郁江南水乡文化的周庄，离上海仅1.5小时的车程。项目由三幢明清风格的老建筑改造而成。相传这三幢老建筑曾分别属于各自在这宁静的小镇经营其营生的戴家兄弟三人。在改造之前，这三幢独栋建筑分别被用做博物馆、茶室、客栈，并有一部分已经废弃。设计师对这些优秀的古建筑进行修复，并将其合并改建成拥有20套客房的精品酒店，同时保留建筑最原始的空间结构及其历史传承的人文情怀。

项目地点：江苏昆山周庄
项目面积：2 500平方米
设计单位：Dariel Studio
设计师：Thomas Dariel
主要材料：乳胶漆、实木、实木复合地板、玻璃、原始青砖、大理石
供稿单位：Dariel Studio
摄影：Derryck Menere
采编：吴孟馨

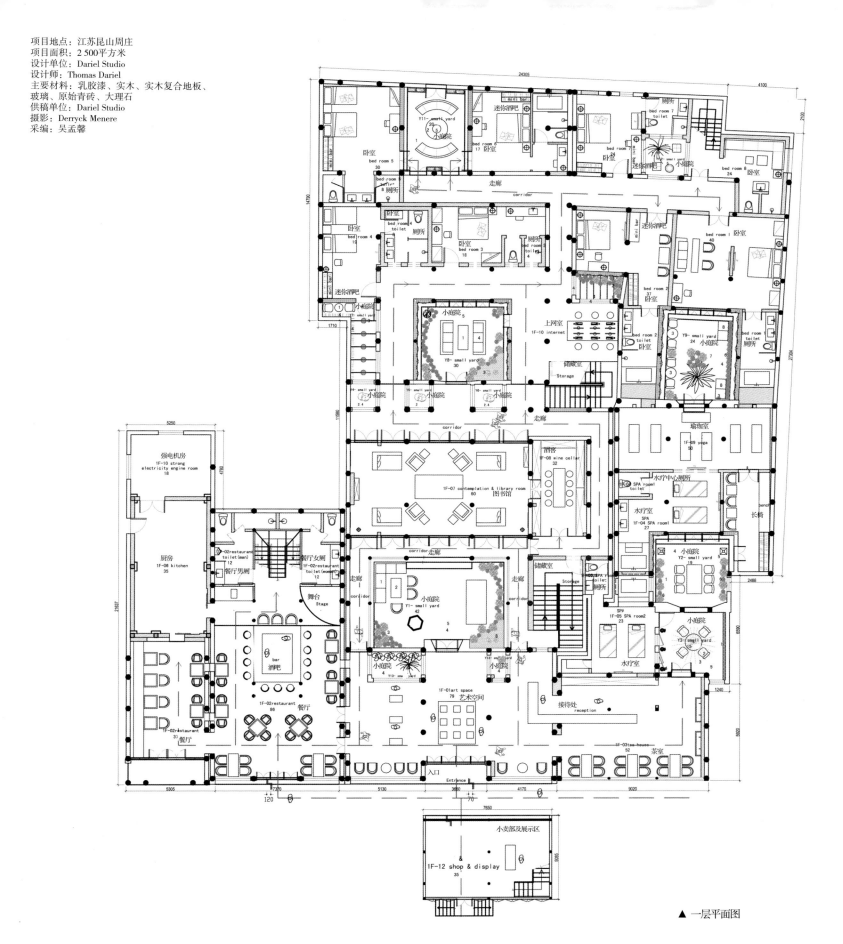

▲ 一层平面图

江南文脉——还原本土文化

昔日的戴宅分为东、西、中三宅，三宅独立而建，却又紧紧相连，成为一个整体，格局迥异，各具特色。设计师用了近半年的时间对其进行修复改建，包括地面高低的统一、主梁的加固、门窗的修复和重建、结构的重新划分等。根据客户的要求，酒店将与周庄的如画风景和历史文脉相结合，体现古镇古往今来一直未变的恬静而优雅的生活，保留并延续当地的历史文化。

为了更好地保护当地文化和传统建筑，在进行修复改建时，小到一砖、一瓦、一石子，都被编号保留起来，并且修旧如旧，重现新生。那些实在被毁坏严重的，设计师采用相同形状的花纹进行重新制作，以符合明朝风格。堂楼之间天井相连，雕梁画栋，颇有气魄。正厅对面为三进重檐风火墙门楼，题额刻有"剡溪遗泽"，表达了对故乡的深情；房间里也随处可见留下的弯曲的悬梁和雕花题刻。仿古装饰用来契合整体的环境，例如各类柜子、中式大床、古式的门把、卫浴间门上的雕花铜片、镶在墙上的民族项链、各式的瓷制花瓶、亮色的交椅以及墙上高低错落排列的各色毛笔、笔刷。

中式元素——"季节感官"

为了契合周庄这一古镇的历史感及中国文化元素，设计师将这个精品酒店的设计主题定为"穿越季节的感官之旅"，其灵感来自于中国传统的二十四节气。

首先，在酒店各房间的布局上，根据太阳升起、降落的规律，至南向北地将春、夏、秋、冬依次在各排房间进行演绎。从浅浅的大地色，到跳跃的橘色，最后过渡到深沉的紫色，演绎了不同个性。采用迥异的花卉来命名不同的客房——芷樱、碧荷、丹桂、墨兰，并且运用不同的软装和灯饰来诠释。

其次，设计师选取了几个重要的节气分别进行表现，使整个酒店的空间分布具有季节性的标志。春分——带领来访者进入一个新鲜的入住体验的接待处。春分，昼夜平分，也能恰如其分地代表接待处贯通里外的作用。芒种——麦子丰收，正是酿酒的季节。夏至和冬至——色彩的强烈对比，西式吧台与中式家具的搭配，表现出中西餐厅美食文化的激情碰撞。惊蛰——用于表现适合冥想的阅读室。悬于走廊的笼状灯笼、淡金的配色、舒适的沙发，无一不使你希望在这个电闪雷鸣、虫儿苏醒的节气窝在这里品着香茗，读本好书。白露和小暑——分别代表水吧和茶室。白露象征了水的洁净与润泽；小暑则显示了茶所需要的温度。

中西合璧——创新与融合

除了保留和恢复其中式的特点，设计将中西融为一体，表现得淋漓尽致。代表惊蛰节气的阅读室，配以西式壁炉和小型钢琴，不但在中式的氛围中增添一份温暖，更让人有种置身于法国文艺复兴时期的感觉，如此取长补短的结合真是恰到好处。中西餐厅的强烈色彩对比，巨大的悬式吊灯以及那引人注目的法式瓷砖砌成的吧台，让人在一片传统中找到新鲜亮眼之处。

更特别的是，装点墙面的各种画像也都在向中国丰富的手工艺品致敬。同时，摄影作品《水中的墨滴》表现出一种结合中国传统水墨书法以及当代诗歌的感觉。各种中式装饰和西式装饰的互相混搭营造出东方与西方的别样完美结合。

▼ 二层平面图

NOTES

丽江是花间堂诞生的地方，也是花间堂在全国不同旅游城市中最浓墨重彩的地方。花间堂缘起于丽江古城的老宅，通过对一座座古老宅院的修葺与保护，让这些充满故事与灵性的古宅重新焕发出生机，重现历史风情，浓郁的文化也被悉心传承下来。酒店的建造不仅融入当地传统文化和历史，还将精品酒店的理念运用到每一处细节，充满精致与浓厚的人文情怀。发展至今，花间堂在丽江古城已有8家院子。

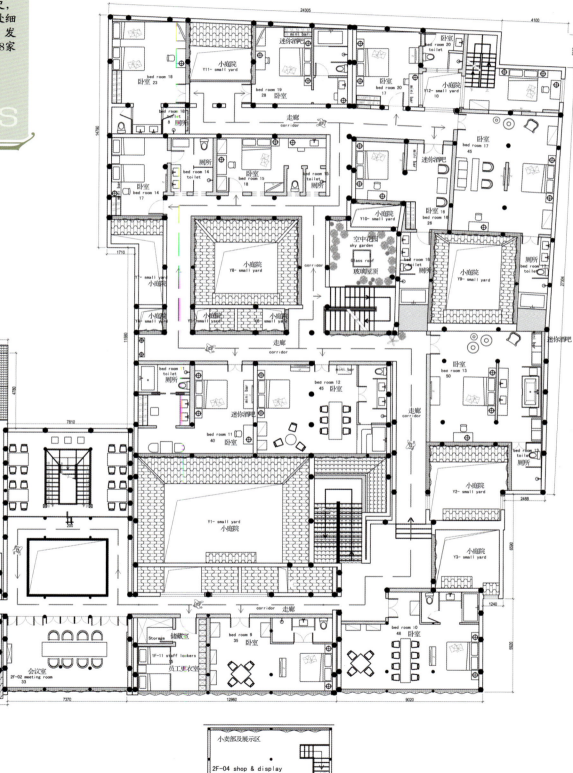

花间堂·编织人家

编织人家是丽江花间堂最精巧、最具闲适气息的院子，这里曾是丽江马帮首领马锅头的宅院，在丽江古城重点保护民居中排名第二。马锅头是茶马古道上马帮的首领，他带领马帮穿行在艰险神秘的茶马古道上，浪漫而传奇，土改归流后其宅院被用作纳西编织文化教习所。如今，这座古老的宅院在花间堂的精心呵护下，焕然一新。

编织人家共由前、中、后3个院落16间客房组成，构建于纳西族传统的大型木制结构之上，至今仍有昔日纳西妇女在此编织披肩、背篓等日常用品的生活气息，历史在这里重现。大量的纳西传统古家具，古老的丽江织机，用满满一屋子的原料才能加工制成的火草衣，在这里可以看到来自纳西族、白族、藏族等多个民族的草编、竹编、线编和刺绣工艺制品。

花间堂·青尘院

青尘院位于丽江忠义市场，和其他几家院落最大的不同是，这座院子由于毗邻丽江最具生活气息的集市，被称作最市井的隐居之所，可以零距离体验古城百姓的日常生活。

18间精致、唯美的客房与自助餐厅、书房、影音室等公共空间分布其间，各种花卉、树木错落环绕，郁郁葱葱，移步易景，景景相透。

青尘院最大的特色是其全面开放的自助厨房，借助临近忠义市场这一得天独厚的优势，可以采买最新鲜地道的当地食材。除此之外，青尘院还配备烧烤专区。

花间堂·墨香院

墨香院坐落于丽江地区最具灵气的束河古镇中心位置，毗邻束河完小。墨香院由前、后两个宽敞方正的院落组成，前院恬静雅致，后院花木扶疏，19间客房与自助厨房、书房等公共空间分布其间。

墨香院的最大特色便是其私塾风格，随处都有可供坐下来细细品读的地方。而在特色书房里，更是可以盘腿席地而坐，贴地的条案和蒲团，配上一本古籍，书香、茶香、花香萦绕。

BLOSSOM HILL
花间堂

花间堂·花间分糖

花间分糖位于丽江古城区五一街，近小石桥，作为花间堂大家庭中的新成员，由热爱花间堂的铁杆"花粉"经营。花间分糖秉承花间堂品牌"分享美与欢乐"的核心主张。

花间堂·听荷院

昔日的县长院得了个诗一般的名字"听荷院",只因重整后的它带着丽江独有的柔美、脱俗、优雅与纯粹。棋文化是听荷院的特色主题,整座院子都沉浸在一种古色古香的格调中,就连客房名字也都是源自唐、宋、明、清历代的围棋古谱典籍:指归、子仙、忘忧、清乐、摘星等,每一个名字都有它的出处,都蕴涵着浓厚的历史记忆和文化价值。

BLOSSOM HILL
花间堂

Regin Vocation Inn, Lijiang

丽江束河元年度假别院

（关键词：纳西文化、院落情怀）

束河元年度假别院坐落于古镇气息浓厚的丽江束河古镇，由四个相互连贯的纳西小院改造而成，其结构和形态都遵从本土的传统，采用纳西族风格，从大堂的纳西传统木雕到门前的水阶，将束河古镇平静而恬淡的生活气息融入其中，眺望周边风景，偷得浮生半日闲的感觉油然于心。

项目概况 束河元年度假别院坐落于丽江束河古镇,天高云淡的日子总是让人流连。走在巷道里,常常能与纳西族的人和纳西族的院子擦肩而过,蓝天、白云、轻风、碧水所赐予的那份平静,让人无法抗拒。在束河古镇的一角,设计师先后找到了四个相互连贯的纳西小院,建造了这座度假别院。从中和路进入第一个院子后,沿曲折的走廊走到最后面的院子,便能直接拥抱田野,抚摸老树丛林,眺望玉龙雪山,阳光和空气可以自由地穿梭于院子内外。

项目地点:云南丽江束河古镇
项目面积:3 000平方米
设计师:杨樵、王峰、陈卫东
主要材料:自然荒石、实木、稻草板、木雕、硅藻泥、灰色石材
摄影:贾方
采编:吴孟馨

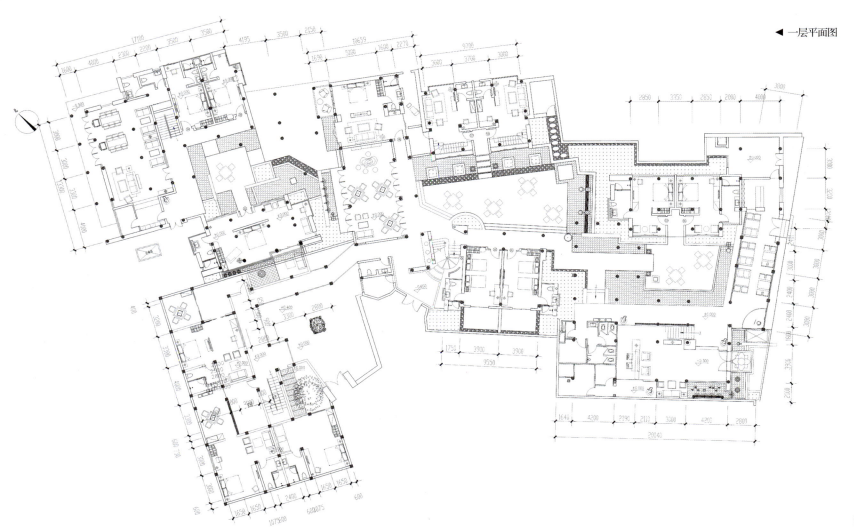

◀ 一层平面图

丽江束河元年度假别院是老房子集团第一次尝试修建的小型高端度假酒店,亦是老房子顶端子品牌"元年"系列的再次精彩亮相。

NOTES

院落布局——纳西院子

这是一座生长在丽江坝子上的纳西族风格的院落,其结构和形态都遵从本土的传统。技术、工艺、材质这些现代建筑的构成主体只能算是它的附庸,蓝天白云、潺潺流水才是这些屋子承载的灵魂,也是整个建筑、景观及室内设计过程中需要体现的重点。为此,在建设过程中设计师充分挖掘了纳西族民居建筑结构的潜力,从跨度、高度的提升,到榫卯结构、屋顶构造的完善,再到合围方式、建筑高低的调整,使得阳光可以洒进每一个房间,这些都为最终的整体效果提供了有力支撑。

整个别院由四个院落竖向蜿蜒排列而成,可以保留的老建筑只是做了外墙和内部结构的简单调整规划,新建房屋则完全尊重纳西民族的建筑风格。每个院落均由两三座双层或单层小楼合围而成,可以运用的建筑斜坡顶完全保留,使房间里充满了天然的老家味道,同时四个院落既自成体系又连绵互通。

一号院主要为接待大堂、餐饮区、阳光露台。接待大堂是这个区域的亮点,也是别院的开篇,七米多的屋顶挑高,在之前的纳西族民居建筑中是绝无仅有的,透过大幅的玻璃,太阳无论是东升还是西落都可以将阳光照进来。

二、三、四号院主要为客房、休闲区、会务区。在保留的老房子中，尤以这几个院子中纳西人自己修建的小楼的改造最有意味，历经八十多年风雨冲刷，梁柱保存完好，现实中只做了极少的变动，将其改造成几套跃层式和高挑式客房，风韵犹存，空间中还散发着原木的清香。

所有客房的内部配饰，从灯具到家具，再到窗饰和床上用品，在造型和色调上，按照中式或东方风格的形式进行设计和选配。

灵动园景——门前水阶

串联四个院落的除了那条无尽延伸的回廊和精彩绝伦的木雕，还有一支来去无踪的清流。古镇引水玉龙雪山，从户户人家前流过，为别院注入了灵动的气息，在各式的景观中游走，它跳下台阶、漫过石盆、浸入碎石，最终汇成一片，来到一个静谧的池塘，沉寂下来。

本土文脉——立雕柱子

　　大堂中央的那根纳西风格的立雕顶梁柱，显得尤为震撼。整根直径六十厘米的浑圆笔直的木料，高竖于大堂，支撑着整个建筑体。这根由纳西木雕艺术家木欣荣雕刻的大木，叫"眼睛的凝望"，是设计时特意安排的，由木老自由发挥创作，几百只眼睛的符号，凝望着古镇的风情人文，凝望着凡人的过往，既是酒店的镇宅之宝，又是纳西木雕这种特殊元素在整个酒店的引入之作。

　　纳西木雕是纳西族最有代表性的工艺品，其超然物外的构图方式与活灵活现的雕刻工艺可谓精彩绝伦。因此，设计师把纳西木雕作为整个别院室内装修设计的灵魂线索，从餐饮区室外的连环木雕到大堂顶梁柱，从走廊的立柱、房间屋顶的横梁再到房门、号牌，任何一个角落，不经意的一根立柱上都能看到它们的精美呈现。为了搭配这一传统元素，所有的装修材料、配饰都以传统经典材质为主：特殊烧制的青条砖、实木、硅藻泥、稻草板、手工墙纸、铜艺灯等，特别是当地的各种自然荒石和老木头更是院子里独一无二的风景。

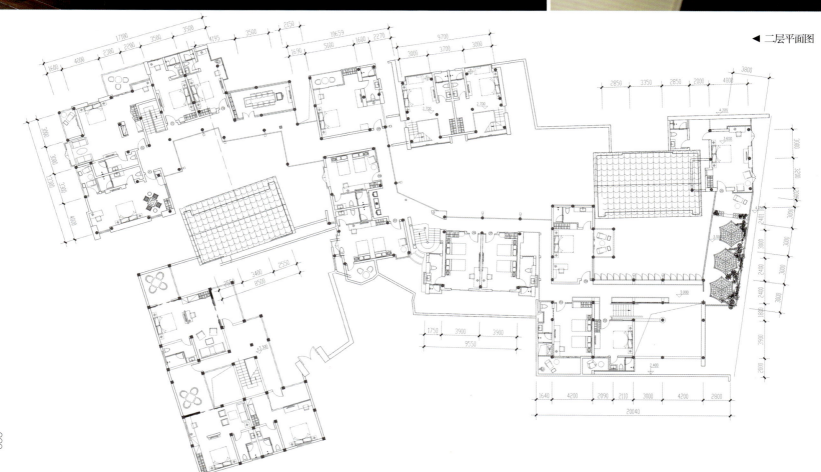

◀ 二层平面图

Pins De La Brume Hotel, Hangzhou

杭州九里云松度假酒店

（关键词：水乡情怀、禅风意境）

杭州九里云松度假酒店环抱清新茶园，与西湖美景相距咫尺。在融入周边水乡环境的前提下，以新中式的手法，将江南元素与西方设计理念完美结合，将江南水乡的人文情怀完全融入设计当中，展现灵气古朴、宁静清幽的风情，与室外景观融为一体，缔造具有禅意的精品酒店。

项目概况 作为西湖景区中最为核心私密的精品酒店,九里云松度假酒店坐拥丰富的人文旅游资源。酒店坐落于杭州灵隐路18-8号,与西湖美景、西溪湿地相隔咫尺,距离千年古刹灵隐寺、天下第一财神庙仅一步之遥,后门便是古往今来香客祈福的必经之地——白乐桥村。酒店拥有8间云松雅致房,6间云松园景房,9间山景套房,15间云松水悦套房,1间独立庭院套房。

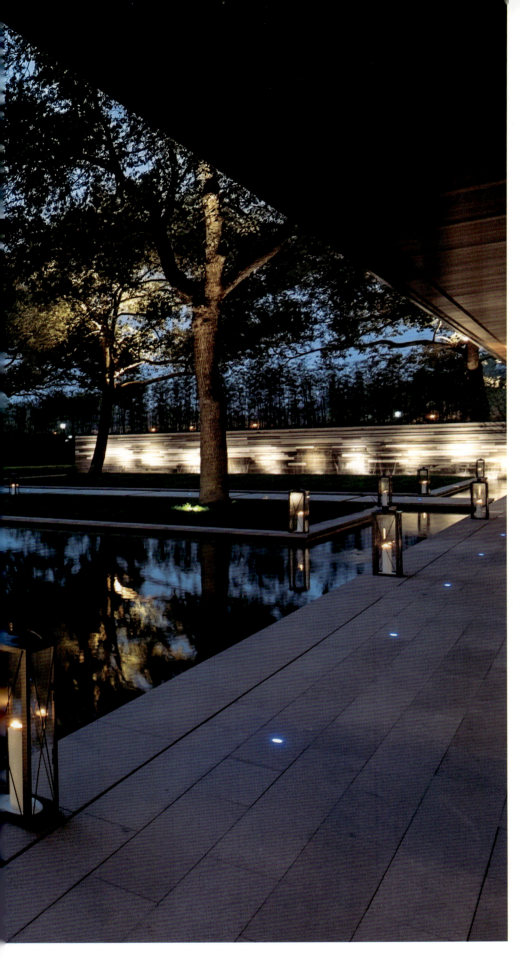

江南情怀——古朴禅意

　　酒店采用文化贯穿酒店的理念，注重把景区周围的资源利用起来，在融入周边环境的前提下，再引入很多中国传统文化来营造酒店的气质。在当地风景秀丽的基础上，融入古朴禅意，将人文情怀与自然景观完美地结合到一起，以景醉人，以禅养心。

　　酒店设计在很多细节上突出了一个"禅"字，大厅以及咖啡厅屋顶用金箔镶贴出一片片祥云；一幅幅水墨宣纸画装点着各个角落，近看抽象，远观似云、似松亦似荷；回廊边、转角处皆以劲松加以点缀，与门外巨松夹道的"九里云松"相呼应；家具大量使用原木、棉麻、蚕丝等天然材质，做工考究。

　　另外，值得一提的是酒店特设的玻璃禅房，是精心打造的一个禅修处所，酒店会不时邀请附近寺庙的住持，与客人一同品茗、参禅、悟道。小住于此，慢慢体会山间的清风松涛，千百年来的江南风情在这里化作案头的一杯龙井。

景观设计——极简主义

　　设计必须考虑对大树现状的保护，同时以水为设计的灵魂，将极简主义发挥到极至。现有的成熟树木被纳入庭院设计中。两个方形绿"孤岛"浮在水池上，与现有树木相呼应，形成岛屿。

项目地点：浙江杭州
项目面积：5 290平方米
设计单位：PAL设计事务所有限公司
设 计 师：梁景华
主要材料：大理石、木饰面、墙纸、扪布、金属、玻璃、镜子、地毯、木地板
供稿单位：杭州九里云松酒店
采编：陈惠慧

材料运用——中式元素

大堂空间宽敞通透，以古铜色与金色为基调。地板以大理石与古铜金属拼花铺设，搭配抽象水墨挂画及中式摆设，蕴涵江南神韵。通过丰富的材质，如香槟金的特大中式屏风、皎白的艺术雕塑墙面、金箔构成的吊顶，打造古朴华贵而又不显张扬的细节。

餐厅设计展现禅境美感，木地板镶嵌铜金属条，与金箔吊顶互相辉映；采用大量中式屏风作为隔断，犹如剪纸花纹般，带来一种如诗的视觉效果；中国特色元素巧妙地覆盖了天花、椅子、坐垫及灯具，文房四宝、茶具、水墨画等饰品，会聚东方文化的精髓。室外的百年香樟苍翠茂密，错落有序，透过全景窗融入大堂与餐厅内，呈现一派江南水乡的和谐之美。

套房以白色与不同深浅的木色作对比，勾勒出空间明亮的结构。通过中式屏风元素的巧妙运用，结合现代中式的家具及饰品，呈现古朴优雅的禅文化氛围。木地板装有地暖系统，卫生间设有全自动日本皇家御用坐厕、独立落地浴缸及高级法国品牌日用品等。

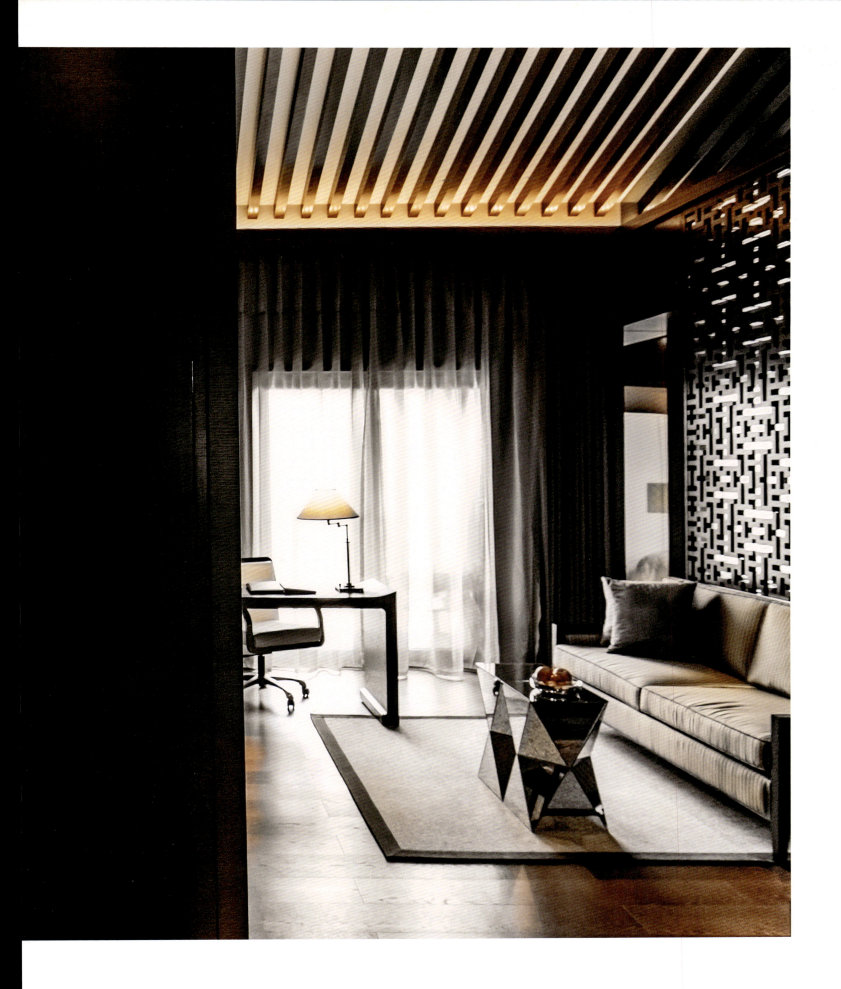

Twelve at Hengshan, Shanghai

上海衡山路十二号豪华精选酒店

（关键词：浪漫街区、摩登中式）

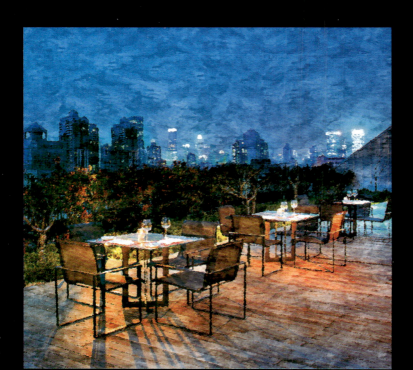

项目概况 上海衡山路十二号豪华精选酒店坐落于上海最浪漫且久负盛名的街区——衡山路,街道两旁栽满树龄超过一个世纪的法国梧桐。这一区域拥有上海三分之一的最有价值的历史古迹,包含许多独立的花园洋房别墅。其中很多别墅的历史可追溯到19世纪后期,西式建筑配以东方韵味的装饰设计,独特的风格被称为"Shanghai Deco"。

业主:上海地产集团、上海申通地铁集团
项目地点:上海徐汇区衡山路12号
项目面积:51 000平方米
建筑设计:Mario Botta
室内设计:Yabu Pushelberg
采编:盛乃宁

酒店概况

  酒店是一栋五层高的建筑,中心建有一个"神秘花园",与街区内历史悠久的欧式别墅相得益彰。宽大的入口门廊面向衡山路,半环形车道形成了一个入口平台。酒店自正门而入,可分前后两个部分,分别为包括餐饮、会议、健身娱乐设施在内的公共区域以及静谧的庭院和宾客住宿区域。酒店包括171间精致客房与套房,面积从40平方米起,包括45间双人客房、28间套房和一套338平方米的总统套房。其中还包含上海市中心五星级酒店内唯一设有私人阳台的庭院景观客房。

  酒店建筑外墙以2万多块天然赤陶砖为装饰。赤陶砖是酒店所在街区的历史建筑广泛使用的装饰元素,也是一种天然的环保材料,既提供了高效的隔热性能,也在视觉上带来了永不落伍的美感。

创新中式——摩登中国风

酒店设计从其所处街区的悠久历史与传统中汲取灵感，采用浪漫和现代的设计元素，惊艳的当代建筑与周围极具情调的巷道、保存完好的艺术装饰风格楼宇、精致迷人的餐厅、店铺和画廊形成美妙对比，"大隐于市"的当代写意生活方式以摩登中国风的设计风格在建筑中得以体现。

室内整体风格注重东方传统文化与西方现代经典的完美结合。仿传统灯笼式的吊灯、嵌有花鸟图案的半透明玻璃幕墙、以古典庭院花草树木为主题的地毯和床头屏风等独具匠

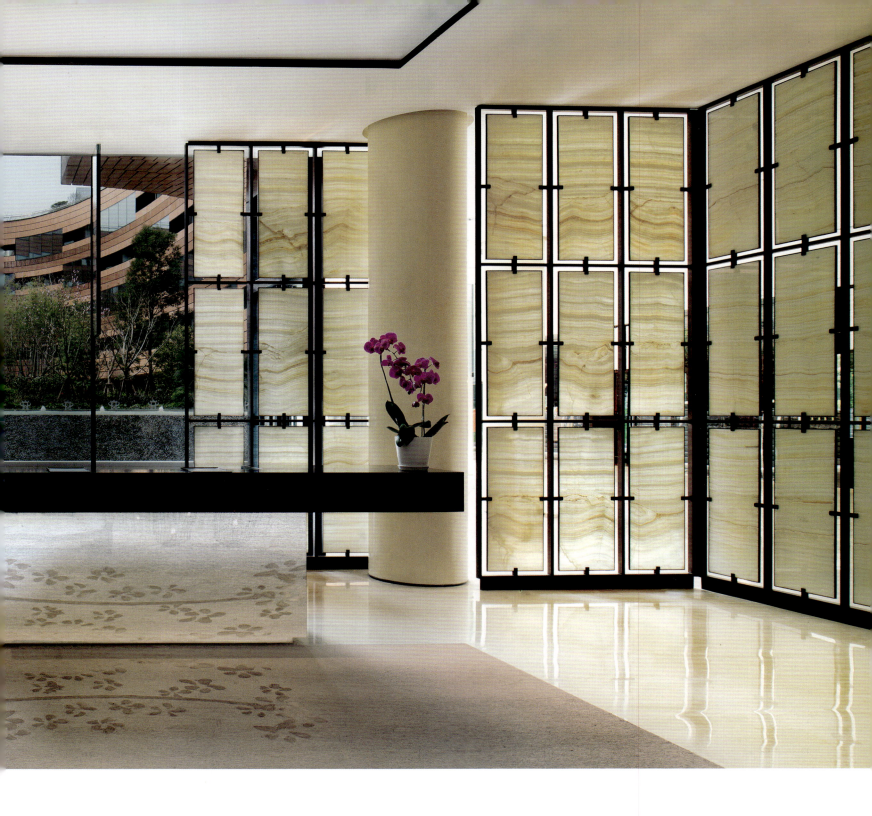

心的装饰，营造出返璞归真、温馨适宜的氛围，完美传递"中西合璧，古今交融"的意蕴，完成了本土文化的创新。

位于酒店中心的传统中式庭院般的"神秘花园"内草木萋萋，流水潺潺，为宾客营造出宁静的禅意氛围。大堂和客房都设有景观窗，可以近距离欣赏宁静怡人、绿意盎然的庭院景观。射入"神秘花园"中的自然光线，照在位于地下二层的室内游泳池之上。游泳池由天然石材铺设，感觉空灵，游弋其中，顿感释然。

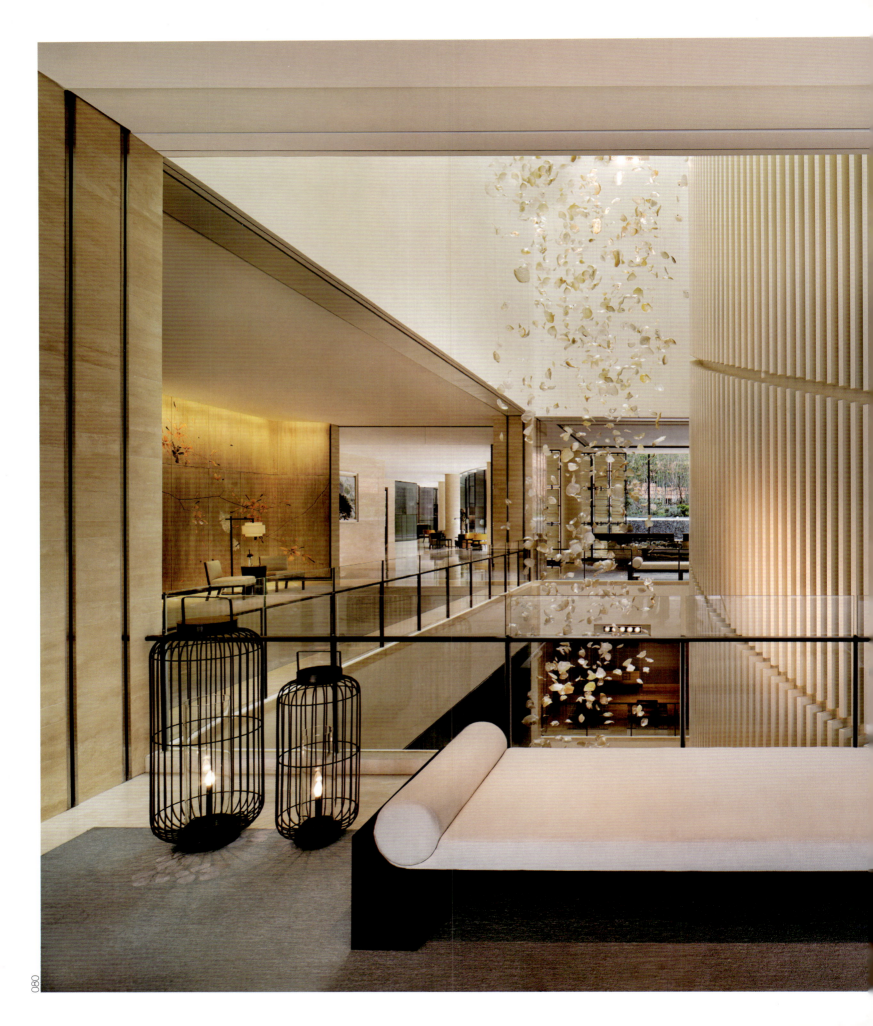

NOTES

创立于1906年的豪华精选品牌最初是CIGA集团旗下欧洲最负盛名的经典酒店系列,发展至今,璀璨夺目的豪华精选已荟萃30余个国家的超过75家的世界一流酒店及度假酒店,遍及世界各地的繁华都会和度假胜地。豪华精选旗下拥有众多屡获荣耀与褒奖的顶级酒店,凭借出类拔萃的服务、风格和品位不断超越宾客的期望,同时彰显出每家酒店独一无二的历史传承与特色。

中式餐厅衡山拾贰，主厅内装饰着传统苏州园林画面的巨幅背景幕墙，同时，玫瑰色的玻璃屏风和陶瓷吊灯为其增添了非传统的东方韵味。餐厅设有8间私密包房，可容纳4~16位宾客，每间包房都有独特的格局和设计。

Radisson Blu Resort Wetland Park, Wuxi

无锡梁鸿湿地丽笙度假酒店

（关键词：吴越风味、丝绸装饰）

无锡梁鸿湿地丽笙度假酒店呼应周边文脉景点，采用独有的锡式建筑风格，室内采用丝绸装饰，高贵典雅。客房分布在优美的江南园林景致之中，凭窗便可尽览意境十足的叠山流水、花木桥廊、荷塘月色等无限风光。

酒店设施

酒店拥有196间设施齐全、布置精美的客房,其中包括20间套房和2间行动障碍人士客房。所有客房均采用传统中式低层建筑风格,最高楼层仅为三层。客房分布在优美的江南园林景致之中,凭窗便可尽览意境十足的叠山流水、花木桥廊、荷塘月色等无限风光。

吴宫中餐厅位于两层式小楼中,设有16间可满足8~20人用餐需求的精致包房;清新时尚、充满活力的流觞自助餐厅,拥有开阔的自主选餐区域;比萨是无锡首家正宗的意大利风格餐厅,浪漫意式情调浓郁; 酒店大堂紧邻溪流景观,是品尝鸡尾酒或轻松小憩的惬意之境。

传统元素——吴越文化

酒店沿用了当地独有的锡式建筑风格,此类风格的建筑以其可追溯至明清时代的传奇人物或花鸟雕刻格窗和石刻大门而闻名于世。天然湿地环抱中的酒店,遍地百合和莲花,小桥流水之中,独享静谧和谐。

吴宴会厅面积达610平方米,可同时容纳350位宾客出席,开放式无柱结构,可根据宾客不同规模的会议需要灵活分割为三个独立的会议区域,两间小型会议室亦可连通成大型会议室。吴宴会厅的建筑风格融入了中国传统吴文化的精髓,整体设计灵感来源于丝绸的美感。整个宴会厅采用了色调柔和、质地优良的丝绸感觉的墙壁饰面。宴会厅的木结构吊顶配以丝绸质感的伞状顶灯,刚柔并济,呈现出富丽堂皇、高雅亮丽的装饰效果。

项目概况 酒店坐落于江苏省无锡市新区内风景如画的梁鸿国家湿地公园湖畔。无锡拥有超过3 000年的历史文化,作为吴文化的发源地,中华赏石园、鸿山遗址博物馆等文化游览景点皆近在咫尺,地理位置优越,交通十分便利。

业主：无锡吴文化博览园建设发展有限公司
项目地点：江苏无锡
建筑面积：30 000平方米
建筑设计：中国建筑北京设计研究院有限公司（上海分公司）
室内设计：缔博室内设计咨询（上海）有限公司
主要材料：青灰色进口石材、咖啡色仿木纹铝门窗、咖啡色仿古漆木结构、仿古小青瓦
供稿单位：无锡梁鸿湿地丽笙度假酒店
采编：盛乃宁

Tuanbohu Tianmu SPA Hotel, Tianjin

天津团泊湖假日酒店

（关键词：养生文化、唐式风格）

项目设计从"天人合一、回归自然"的养生文化理念出发，围绕"岛院隐泉"的脉络进行设计，以"隐"为主题延伸设计理念，采用浓厚的中式唐朝建筑风格，运用多种传统中式材料，打造绿色、人文、高品质的休闲度假酒店。

项目概况 酒店位于天津静海县团泊新城的八个组团之——旅游特色镇组团中的现代农业示范园，毗邻独流减河，距团泊湖2.4千米，水利资源丰富。

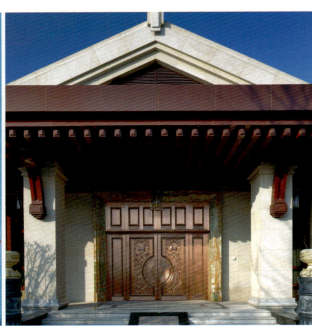

项目地点：天津静海县
项目面积：约2 000 000平方米
设计单位：维拓时代建筑设计有限公司
主要材料：石材、金属装饰构件等
供稿单位：维拓时代建筑设计有限公司
采编：李忍

▶ 立面图一

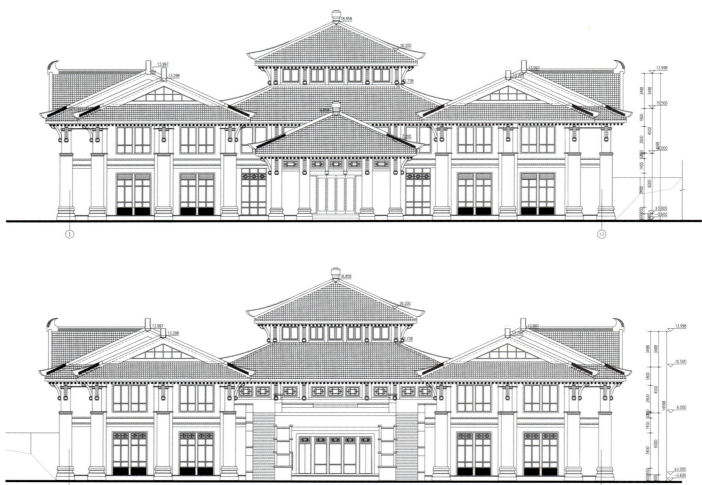

▶ 立面图二

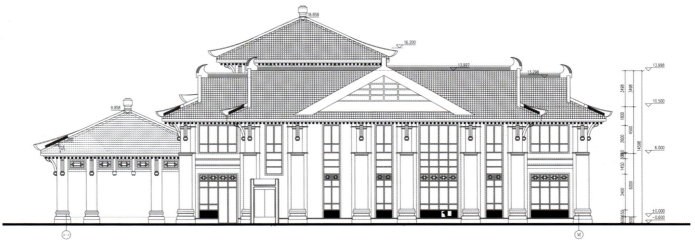

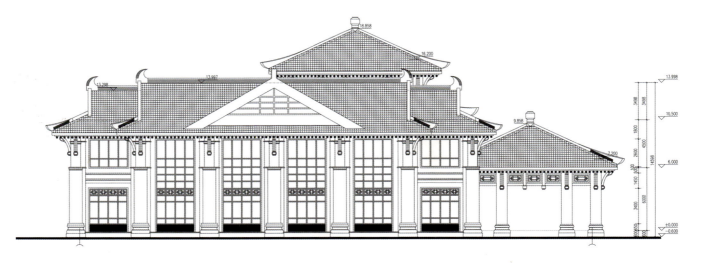

▶ 剖面图

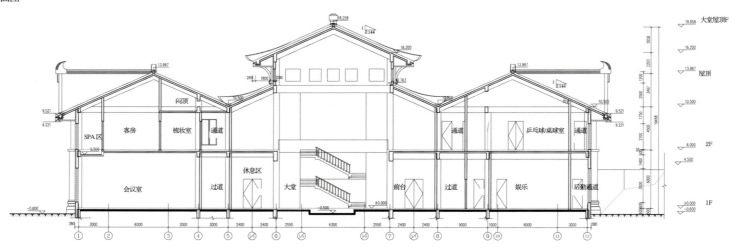

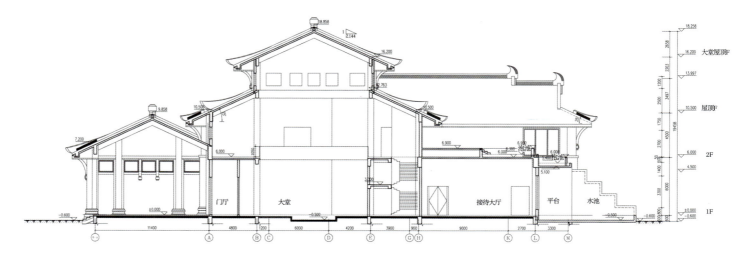

酒店概况

建筑群沿人工岛后侧依次排列并各自独立分区。中央正对主入口为体量最大的功能区——温泉酒店区，设置酒店大堂、会议区、餐饮区等公共配套设施和160间五星级标准的各类客房；温泉酒店区右侧为温泉区，温泉酒店左侧为VIP会所区，VIP会所区下方为企业会所区。

人工岛的对外交通流线以车流为主，采用逐级分流的方式。每个分区均有相对独立的停车场，就近满足各个功能区的停车需求。后勤货运通道隐藏于景观之中，与地下室卸货区通过坡道连接，保证地上景观的完整。岛上人行流线沿建筑临湖面布置，通过步道、微地形、栈桥等达到步移景异的效果。

传统文化——"岛院隐泉"

根据项目的地理位置特点，设计从"天人合一、回归自然"的文化理念出发，围绕"岛院隐泉"的脉络进行设计，以"隐"为主题延伸设计理念。

项目的建筑风格源自中国温泉养生的传统文化，采用唐式风格，其层层叠叠、错落有致的形体与环境自然融合，建筑院落和空间的构成手法也与唐式风格相得益彰，凸显"隐"这一中国文化的主题。

建筑采用石材、金属装饰构件和涂料等材质，色调清新自然，于传统韵味中体现现代材料的精致感和轻盈感，达到用现代建筑材料体现传统文化精神的效果。

Anantara Sanya Resort & SPA

三亚半山半岛安纳塔拉度假酒店

（关键词：传统元素、混搭风格）

三亚半山半岛安纳塔拉度假酒店采用传统中式风格，将院落、灰墙瓦面、亭台应用在设计中。室内色调深沉，营造出返璞归真的度假氛围。

项目概况 三亚半山半岛安纳塔拉度假酒店地处小东海,被环抱于苍翠的山脉与宁静的南海之间,距离市区仅10分钟车程,闹中取静,私密奢华。酒店拥有122间融合了东方风情与泰式特色的客房、套房以及拥有专属私人泳池的豪华别墅。

业主:Anantara Hotels Resorts & SPAs
项目地点:海南省三亚市河东区小东海路6号
设计单位:P49 DESIGN
供稿单位:三亚半山半岛安纳塔拉度假酒店
采编:盛乃宁

东方风情——传统符号

酒店巧妙地将传统中式元素融入设计中，传统中式建筑的院落、灰墙瓦面、亭台等随处可见，而室内陈设选用色调深沉、很有质感的新中式家具，衣箱装饰、椰壳桌面等营造出返璞归真的度假氛围。

水疗中心透露出典雅的中国风情，在中国风水中寓意着美满富足的金鱼图案随处可见。安纳塔拉水疗中心共设有8间水疗室，其中包含一间双人奢华水疗套房。

风情餐厅——独特个性

泰餐厅"Baan Rim Nam"可直译为"水岸阁",顾名思义"水面上的泰式阁楼"。餐厅设有5间私人用餐包房,分别以不同的泰国地区名命名,以充满独特泰国风情的装饰布置其间,并分别配有特色酒吧。

以"鹿回头"爱情故事中黎族男青年的名字而命名的"啊喔"酒廊特别配有一间红酒吧,全日制餐厅"食源"之名取自"选用地道食材"之意,即挑选三亚最新鲜的本地时令产品作为餐厅烹饪食材。无论坐于凉意袭人的餐厅内还是掩映在热带绿植中的池畔阳台,宾客都可以欣赏到开放式厨房内的现场烹饪景象。

NOTES

"Anantara"一词取古梵语中"无穷无尽"之意,以分享水源这一传统为象征,喻示着"超越界限的诚挚待客之道"这一贯穿安纳塔拉度假酒店的品牌核心服务理念。安纳塔拉目前在世界范围内共有22处,所处位置从茂密的丛林地带延伸至纯净海岸,从充满传奇色彩的沙漠延伸至繁华大都市,分别位于泰国、马尔代夫、印度尼西亚、越南、阿联酋等。

Hotel Dua, Kaohsiung

高雄Hotel Dua酒店

（关键词：台湾传统元素、人居理念）

项目是在百货商场及办公室的基础上改造而成，其设计简洁而不失华丽，外观沉静而温暖，室内简单雅致，又带点低调的奢华味。项目延续了台湾当地传统的文化元素，如竹编、水墨画、客家花布等，以现代空间的表现手法予以转化应用，成为当地文化传播的媒介，同时项目也融合了当代的经典设计元素。

项目概况 Hotel Dua酒店坐落于高雄市中心，Dua 源自闽南语"住"的谐音，体现了"以人为主"的居住设计理念。15年前，这栋大楼原本计划用作办公室，但在建设中期计划发生变更，成了百货商场的所在地。随后又被用作办公室和体育馆。现在又被精心改造成酒店。

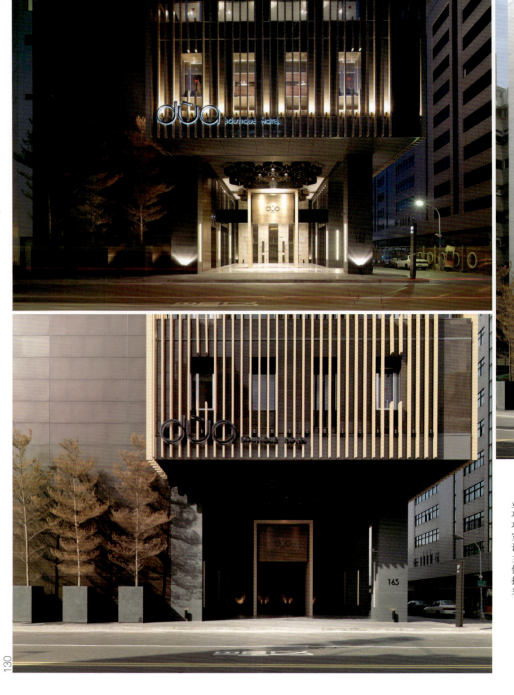

业主：MLD Ltd.
项目地点：台湾高雄市新兴区林森一路165号
项目面积：16 500平方米
室内设计：宇宽设计事业有限公司
设计师：郭耀煌、郭璧莹、魏志皇
主要材料：石材、镀钛金属、木皮
供稿单位：宇宽设计事业有限公司
摄影师：游宏祥
采编：谢雪婷

▶ 1楼大堂平面图

1. 车道
2. 花台
3. 保全室
4. 咖啡馆
5. 商务中心
6. 会议室
7. 户外大堂
8. 大堂
9. 接待处
10. 门房
11. 办公室
12. 行李间

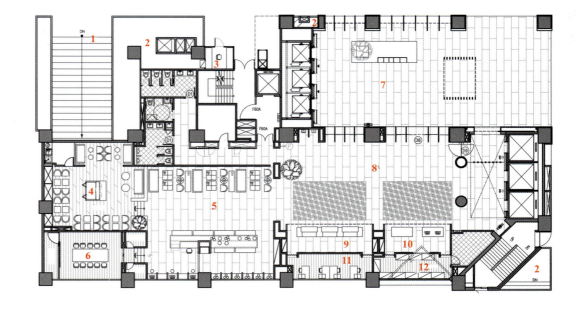

▶ 8楼客房平面图

1. 升降梯
2. 排烟室
3. 阳台
4. 特别安全梯

台湾工艺——融合经典

由于材料的色泽选择很少，因此设计师采用大地颜色、自然质朴的材质，以隐形收敛、静谧氛围为设计主轴，意在为疲惫的旅者打造一个安静、隐私、舒适自在的零负担空间。

在奠定主色调之后，其他空间的设计都配合主色调，同时也加入了台湾当地的文化元素。从提花织造（用于悬挂的灯罩、金属屏风和接待大堂地毯）、传统的中国水墨画（用于电梯厅内地毯花纹）和本地碎花织品（用于抱枕和桌面灯座）等饰物中皆能看出台湾传统工艺在空间装饰中运用的痕迹。以现代空间的表现手法呈现多元化的传统元素，也是当地文化传播的主要手段。

除了延续传统的文化元素以外，酒店还融合了许多当代的经典设计。如斯堪的纳维亚椅子在部分区域的运用，给人惊喜之感。

旧址改造——创意设计

为摆脱呆板的办公室砖块形象，建筑外观亟待改变，设计师运用垂直的百叶和表面覆盖胶膜的铝材，设计了景观窗和复合板幕墙，原本生硬的玻璃幕墙亦被纵向的原木色格栅取代，从而塑造了一个整洁、沉静而温暖的立面外观。

因紧临马路，场地条件有限，并没有设立临时停车区，于是在首层设计了一个半开放的前庭，延伸至酒店内部，从前庭乘坐独立的电梯即可到达楼上用餐区。所有餐厅对外开放，与酒店内部的流动互不干扰。

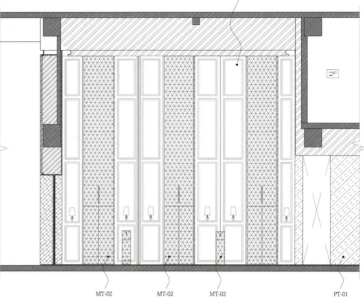

▼ 细部图-1

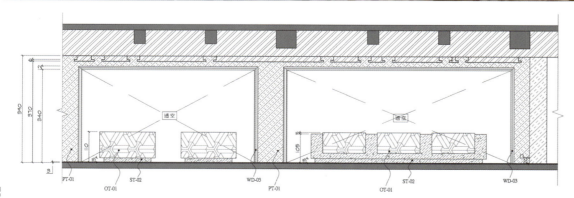

◀ 细部图-4

▼ 细部图-2

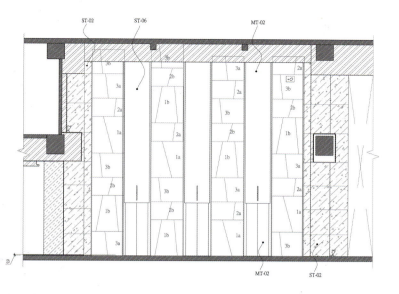

▼ 细部图-3

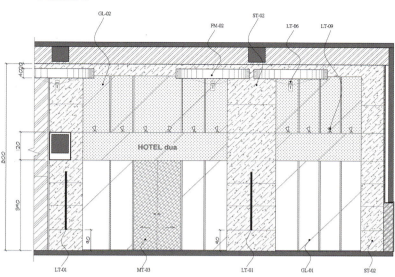

Gloria Manor, Pingtung

屏东华泰瑞苑垦丁宾馆

（关键词：台湾传统工艺、低碳环保）

屏东华泰瑞苑垦丁宾馆是一栋具有历史意义的老建筑，设计从台湾文化根源出发，结合传统工艺与现代空间，采用当地材料的创新工法，转化成现代简约而自然的建筑，同时融入当地自然环境，呼应当地气候，营造出生态自然的氛围。

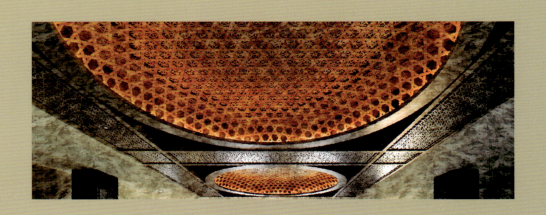

◀ 总平面图

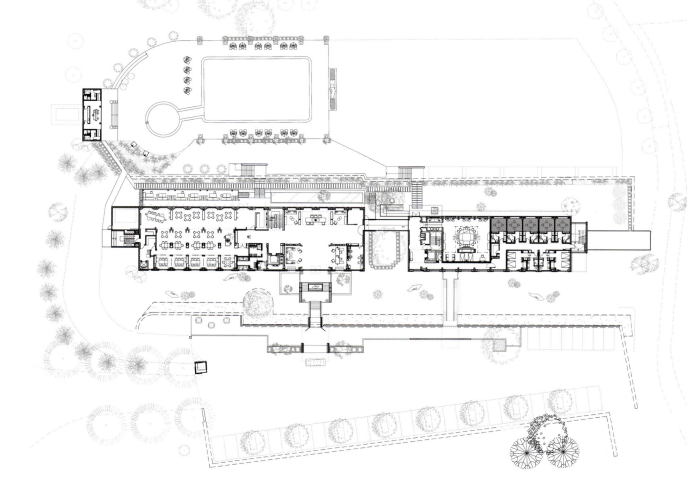

项目概况 华泰瑞苑的前身为垦丁宾馆——20世纪50年代台湾最南端的蒋公行馆，是一栋具有历史意义的老建筑，业主希望新饭店的空间规划能具有"传承"与"永续"的设计内涵。

业主：华泰大饭店集团
项目地点：台湾屏东
项目面积：5 020平方米
设计单位：颉合设计
主要材料：竹编、橡木、铁件烤漆、六角砖、大理石
供稿单位：颉合设计
摄影：岑修贤、高伊芬
采编：谢雪婷

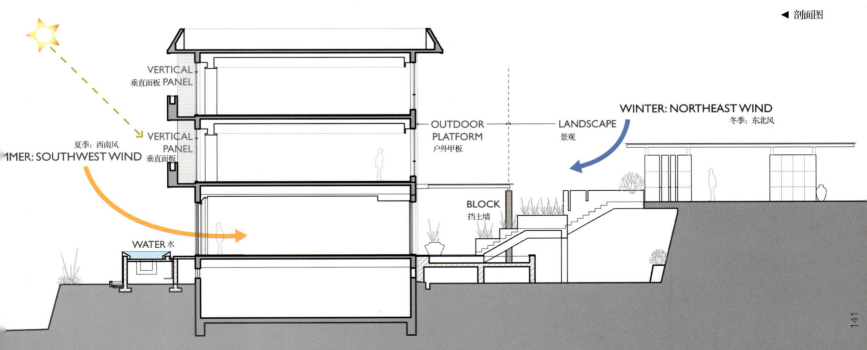

◀ 剖面图

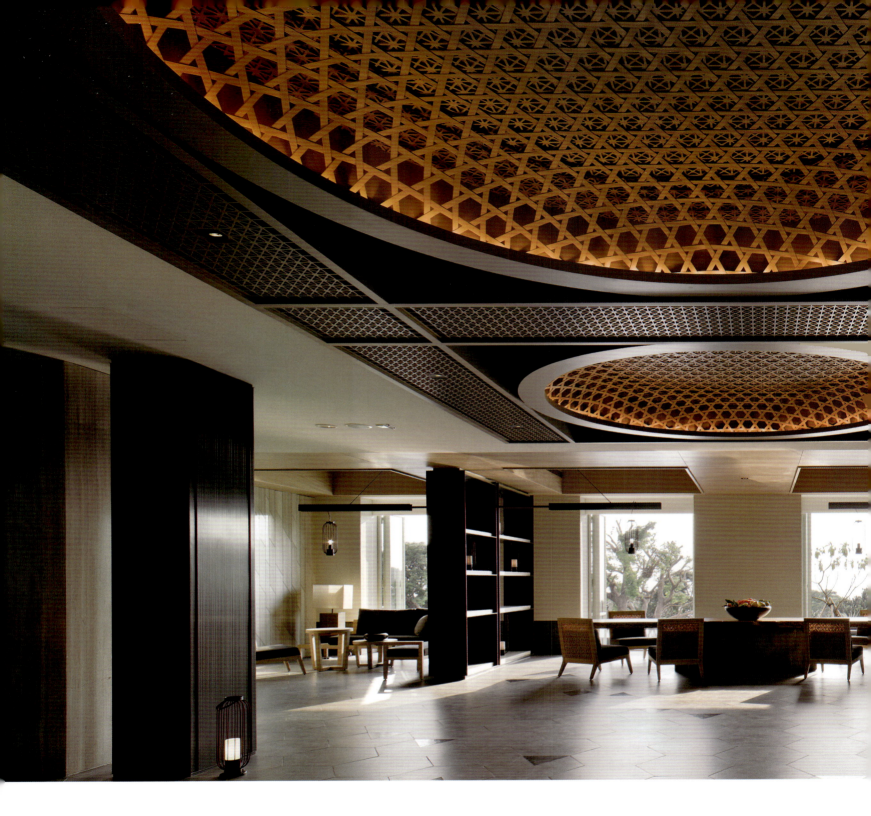

台湾文化——传统工艺

设计从台湾文化根源出发,结合传统工艺与现代空间,采用当地材料的创新工法,将竹编、灯笼、窗花、六角砖、花瓶造型的门洞等元素,透过设计转化的过程,变为华泰瑞苑重要的设计元素,从公共空间到客房皆能一以贯之,让每个细节中都包含台湾敬天、质朴的性情。

设计师们从南投竹山延请老匠师,利用防腐、干燥、集成、染色的竹薄片,以六角形及三角形的编织法,共同创作了大厅的超巨型竹编天花,借由传统手作质感,传递台湾原创工艺的美好。

融合自然——低碳环保

作为一栋尊重土地、对自然友善的建筑,以全开的折叠窗扇完全除去内外空间的藩篱,将垦丁的大尖山绵延不绝的地景元素从天际漫进室内。

另外,其地名"恒春"代表四季如春,设计呼应当地气候,面对东北方,遵循台湾传统的照壁概念阻隔了每年十月至来年二月份的落山风;而面对西南方,热空气则经由无边际水池降温之后徐徐吹了进来,加上吊扇的空气对流,一年之中有大部分季节,室内不需要开启空调就能感受到自然舒适的温度。

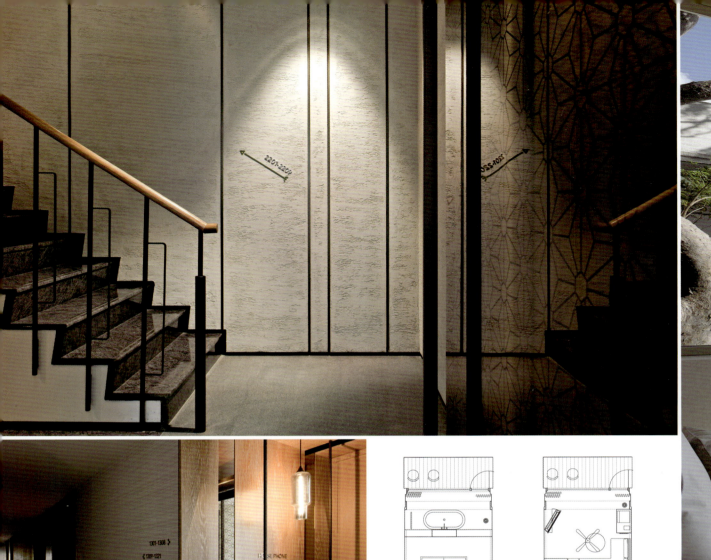

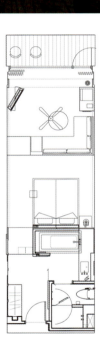
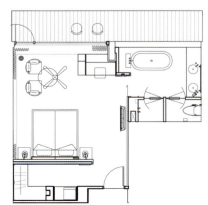

▲ 海悦客房平面图

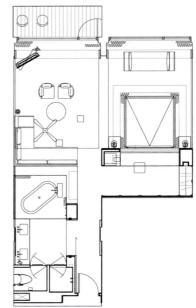
▼ 瑞苑客房平面图

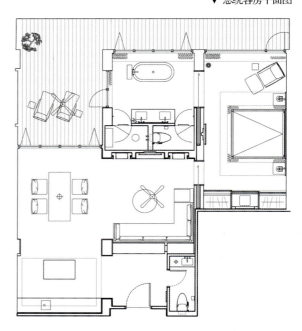
▼ 总统客房平面图

Angkor Village Resort, Cambodia

柬埔寨吴哥乡村酒店

（关键词：热带绿洲、新高棉风格）

项目设计以柬埔寨的村庄为原型，依照高棉传统风格，采用全木结构，尖尖的屋顶、浓烈的色彩都体现了柬埔寨的迷人韵味。室内设计采用简约优雅的现代风格，营造出温馨的氛围。整个酒店就是繁茂花园中的热带绿洲。

项目概况 吴哥乡村酒店位于暹粒市繁华市场的中心，离吴哥窟只有几分钟路程。在这里，人们可以看到身穿藏红色僧袍的佛教僧侣穿行在12世纪祭奠高棉神王的寺庙之间。茂密的丛林藤蔓盘绕在塔布隆寺雕凿的岩石上，空气中回响着僧徒们嘹亮的诵经声。周边是见证昔日帝国辉煌历史的古印度教和佛教遗迹。

项目地点：柬埔寨暹粒
主要材料：木、玻璃、瓷砖等
供稿单位：柬埔寨吴哥乡村酒店
采编：吴孟馨

高棉风格——传统与现代

　　酒店的设计融合了高棉风格和现代风格。建筑灵感来源于柬埔寨的村庄，依照高棉传统风格，全木结构的房屋、大木桩、柱子以及尖尖触角的独具高棉特色的屋顶隐映在热带水池和花园之间，宁静而私密。正门宏伟壮观，在高棉风格的入口处，侧翼是奢华的木制亭台，大堂宽大气派，竖立着高棉式木柱，大堂中央悬挂着大型枝形灯架，令人叹为观止。

　　客房装饰高雅，设计以黑、绿和白为主色调，借鉴高雅的传统高棉艺术，家具和装修也充满高棉色彩，如木床、藤椅和木地板等。整个客房的装饰将吴哥的传统氛围与现代化的设施相结合，充满家庭般的温馨气氛。

　　餐厅的设计依然采用高棉传统的设计风格，以暖色系的绸带装饰点缀与建筑尖角屋顶相呼应的木窗，天花板木支架倒悬着几个复古的风扇，中央是精致的吊灯，显得复古而充满异域风情。

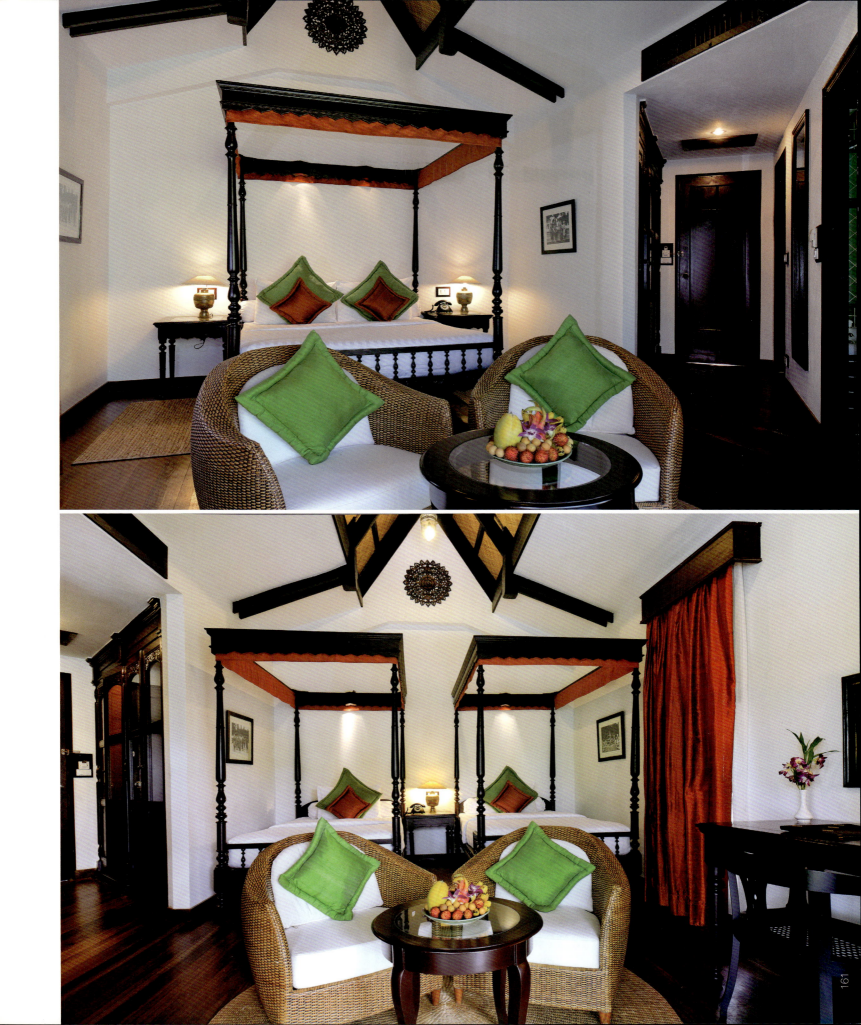

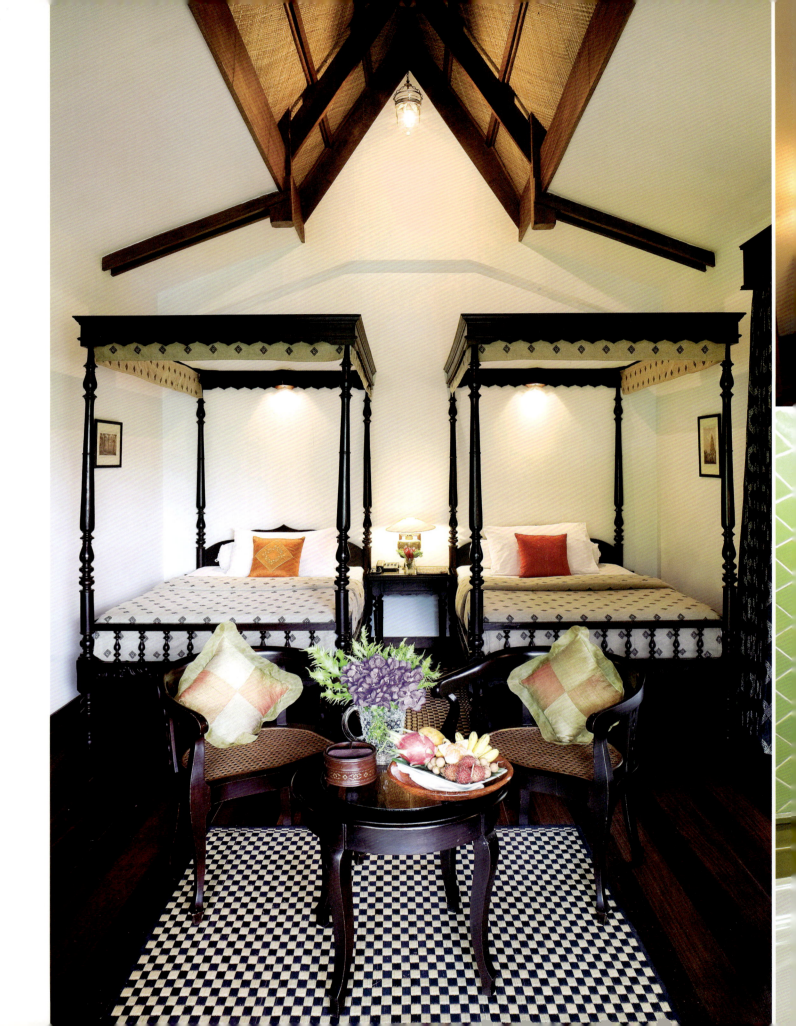

Efendi Hotel

以色列Efendi酒店
（关键词：中东情调、地中海风光）

酒店位于具有浓厚历史气息的阿卡古城小巷，由两栋古老的建筑构成，墙壁上满是历经百年沧桑的壁画。客房天花板上绘制了壁画，以具有本土风情的木材作为装饰，旨在营造出浓烈的中东风情。

项目概况 项目坐落在风景如画的阿卡古城小巷,从这里可以俯瞰历史悠久的古城和远处壮美的地中海。整个酒店由两栋古老的建筑构成,墙壁上满是历经百年沧桑的壁画。经过细心的重建和合并工作,最终呈现在人们眼前的是一个完美的精品酒店。

NOTES

在酒店修复之前,整栋建筑的毁坏程度非常严重,部分建筑甚至完全无法修复。旁边Afifi House的情况也相差无几。但设计师却想尽快将这两栋美得令人窒息的建筑结合在一起,从而打造出一个如同钻石般璀璨的精品酒店。但是,不对建筑的外观进行改变很难,不改动室内复杂精细的墙画和精美的天花更难。于是,设计师与FC置业有限公司集合了一群对于古建筑保护和修复经验丰富的工人,花费了7个月的时间,对建筑的每一处细节进行重新打造。从外墙上的一块石子到客房内的窗楣,每一处小细节都被修复如初。

业主:Uri Jeremias
项目地点:以色列阿卡古城
建筑面积:1 350平方米
设计单位:Orint Kolonimus & Ronit Reik
主要材料:砂石、石灰膏、木材
采编:吴孟馨

文脉延续——土耳其风情

酒店实现了名厨Uri Jeremias长久的梦想。复杂的保护及修复工程持续了8年时间,设计者的思想贯穿每一个细节。来自意大利的艺术家全程参与了工作,并重点对天花板进行了修复。工作人员还修复了在现场发现的以伊斯坦布尔城市为主题的壁画。这幅作品是为了庆贺新东方快列火车站建立而创作的。

此外,拥有400年悠久历史的土耳其蒸汽浴缸被精心保护下来。私密酒吧的前身是圣骑士时代保存下来的酒窖。

项目设计精心打造风格迥异的客房。部分客房天花板上绘制了壁画,而其他客房则装饰了具有本土风情的木材,营造出浓烈的中东风情,唤起人们不同的情感体验。

精致客房——滨海景观

12间精心设计的客房分布在酒店的三个楼层,每四间客房围绕一个中心沙龙,优雅的座位区是休息和放松的不二选择。在酒店的东北面,大型露台为客人户提供了一个呼吸海洋清新空气的良好场地。从这里同样可以看到奢华的甲板漫步区。

项目不仅巧妙地利用自然光线和通风,同时将海面景色引入室内。大部分客房可以欣赏到海洋的美景,另一部客房可远眺阿卡古城城市景象和西加利利优美的山景。

P176 深圳蓝汐精品酒店
P192 西安威斯汀博物馆酒店
P208 重庆江北威斯莱喜百年设计酒店
P220 新加坡Club Hotel
P228 新加坡圣淘沙湾W酒店
P238 泰国曼谷暹罗凯宾斯基酒店
P248 马来西亚麦卡利斯特酒店

精品酒店 2

新颖独特的设计概念与主题

The Bay Breeze Hotel, Shenzhen

深圳蓝汐精品酒店

（关键词：创意设计型精品酒店、岭南风情）

项目地处欢乐海岸曲水湾北区主入口，是华侨城集团精心打造的首家设计型精品酒店。酒店注重与周围环境的融合，打造出具有岭南气质的空间结构。其运用中国传统艺术形式，融合国际现代艺术表现手法，全方位营造出温馨、舒适的"家"的氛围。

项目概况 欢乐海岸总占地面积为125万平方米，由欢乐海岸购物中心、曲水湾商业街、华会所及蓝汐精品酒店、椰林沙滩公园、华侨城湿地公园五大区域构成，采用的是独栋式环水街区式规划，用近1 000米的蜿蜒水系和七座景观桥串联起特色的岭南建筑群落，整合了零售、餐饮、娱乐、办公、公寓、酒店、湿地公园等多元业态，形成了"商业+娱乐+文化+旅游+生态"的全新商业模式。

业主：华侨城集团
项目地点：深圳
项目面积：约7 000平方米
设计单位：澳大利亚LANYA建筑设计公司
供稿单位：深圳蓝汐精品酒店
采编：陈惠慧

项目设施

项目位于欢乐海岸曲水湾北区主入口，与"曲水湾"紧密相连，建筑面积约7 000平方米。项目1层至3层为高端酒店配套区域，包括书吧、咖啡吧、酒吧、中西餐厅以及小型SPA、健身中心、室外泳池等；4层至7层设有57间客房（含48间豪华房和9间套房），每间客房面积为50～108平方米不等。周边拥有曲水湾商业街、中影国际影城、海滨水秀剧场等配套设施。

主题定位——设计型精品酒店

该项目属于设计型商务度假精品酒店，注重对环境和人文的尊重，将设计理念和酒店文化高度融合，充分运用中国传统艺术形式，具有明显的岭南文化地域特征。其设计强调室内外景观的协调性，其名字亦有内涵，蓝汐即蓝色的潮汐，营造出一种温馨、私密的"家"的感觉。项目在主题设计、装饰风格、材料运用上与曲水湾优美的环境相融合，打造出独具临水风情的风雅生活空间。

建筑设计——融入岭南文化

为了配合曲水湾两岸鳞次栉比的岭南风格建筑群，酒店外观的设计也独树一帜。方块的切割组合，时尚而现代，木格栅的外墙装饰与大幅度的挑檐设计能起到遮阳避雨的作用，同时也融入了岭南色彩。无论是从色调还是造型上，酒店都与其区位的优美景观和环境相融合，为追求高品质生活的人群提供了一个远离世俗、放飞心灵的私密空间。

酒店在选材用料、灯光效果等方面也精雕细琢，全方位打造具有岭南文化气质的城央世外之地。灰色调的石材与木材、玻璃相搭配，融合了中国传统文化元素和国际化的现代艺术手法；黄昏后打上的蓝色灯光，使酒店如同欢乐海岸上的一颗蓝色宝石。

空间设计——运用中国传统艺术

室内空间注重设计感，同样重视中国传统艺术形式的运用。墙面多用榆木打造，摆放的众多装饰品，体现出传统工艺的精细与独特。

书吧的设置旨在弘扬中国传统书文化和茶文化，给人静谧与古典感，木纹书架古色古香，并有以"泼墨台"命名的旧式书桌，上有成打的宣纸和上好的狼毫笔，可供书法绘画爱好者挥毫洒墨。而蓝汐吧，露天亲水，空间开阔，透亮的落地窗外摆放着白色藤编桌椅，给人古代庭院之感。

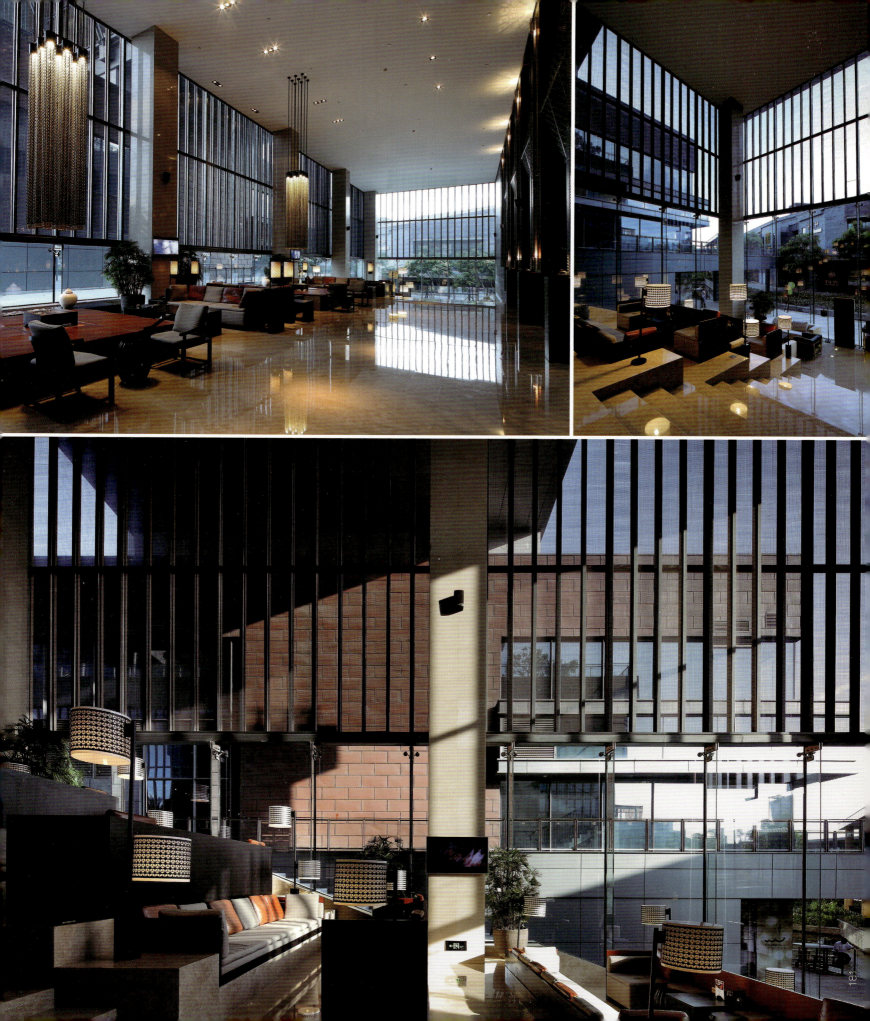

NOTES

书文化——书文化源远流长,已有三千年历史,从最初写在甲骨、青铜、石头、简牍、缣帛等上的非纸质书,到装订成册的纸质图书,直至现代的电子书,都是书的表现形式。书的学科及种类十分丰富,是人类精神文明的承载物,是文化的传播工具。

茶文化——中国是茶的故乡,也是茶文化的发源地。茶文化的精神内涵是通过沏茶、赏茶、闻茶、饮茶、品茶等习惯和中华礼仪的结合而传递的。关于茶文化的代表作,首推唐朝陆羽的《茶经》。

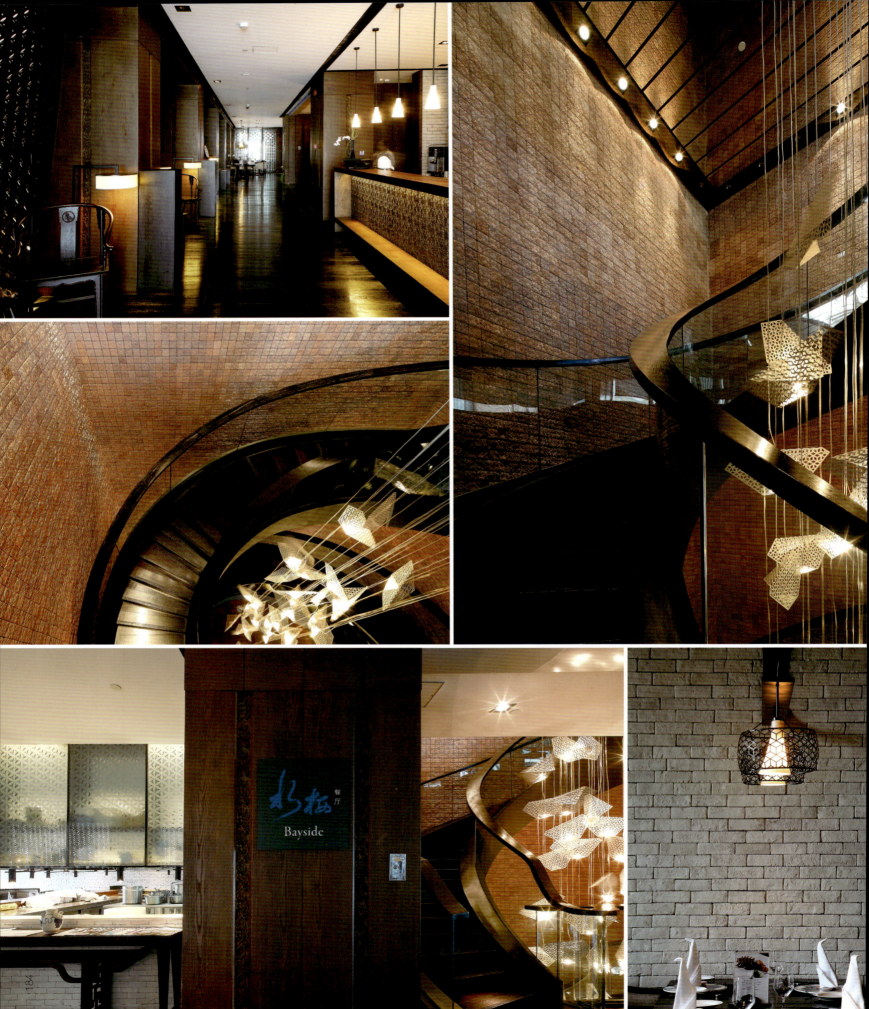

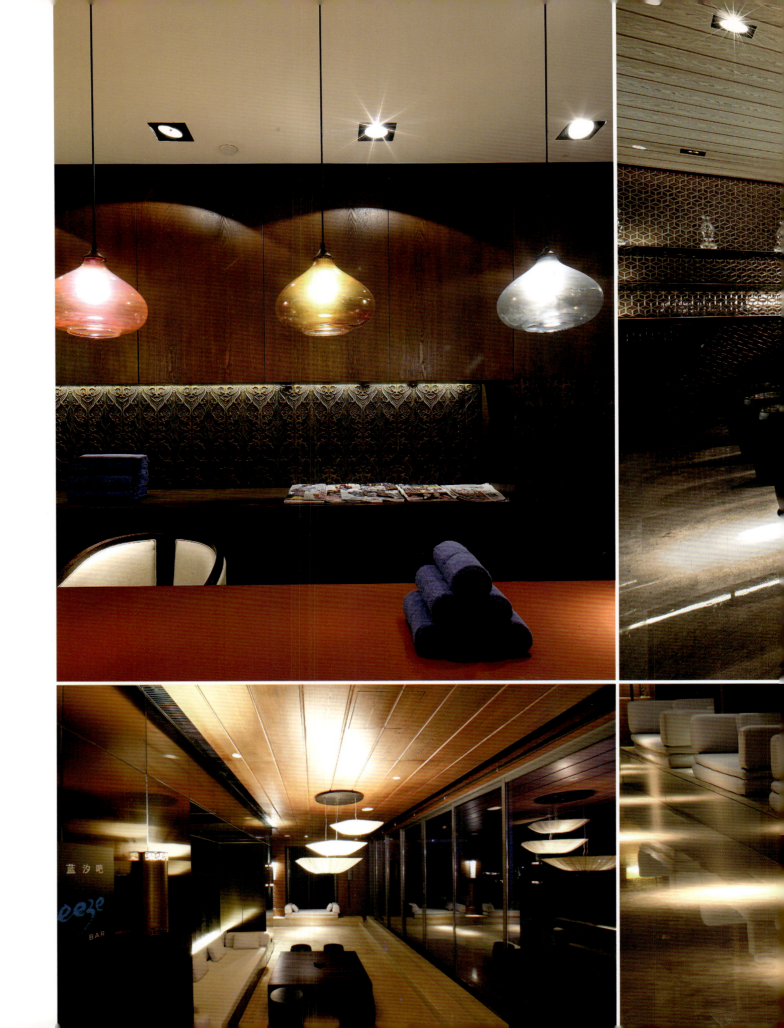

Xi'an Westin Museum Hotel

西安威斯汀博物馆酒店

（关键词：创新中式、极简中式）

西安威斯汀博物馆酒店凭借独特的地理位置，延续了西安古都浓厚的历史底蕴，酒店与博物馆的距离只有几步之遥，建筑外观上两者互相呼应。酒店融合了中式建筑的传统特征与现代极简主义，简化建筑的线条，使整座酒店看起来轻盈且有历史的质感。

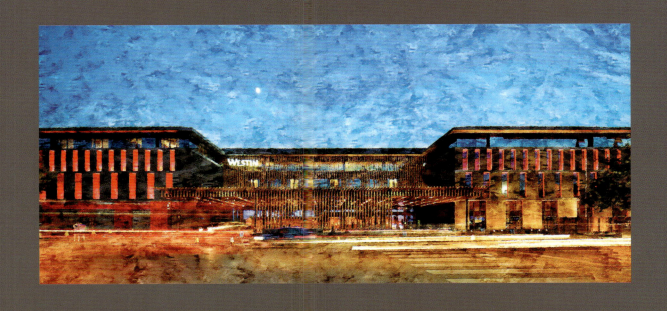

项目概况 项目坐落于古城西安,表达了对这个中华文明摇篮的崇高敬意。西安古城有3 100年的悠久历史,它的存在为酒店提供了一个伟大的背景,同时又激发了设计师的灵感,将城市的过去、现在及未来紧密联系在一起。

创新建筑——极简中式

酒店的设计灵感来源于西安古老宽阔的城墙。酒店尊重当地的文脉与相邻的博物馆建筑,以暗色的灰泥和石材打造了具有当地色彩的块状中式建筑。除了保留具有鲜明特色的板条屋顶和挑檐,酒店将其他的传统细节统统简化为简洁的线条,展现了一个极简主义的当代建筑。

在高达五层的建筑立面上,深挖的开口按照特殊的规则排列,同时随着楼层的加高,不断缩小宽度,形成一种建筑被垂直拉伸的视觉效果。从开口处还可以观看到旁边的地标建筑——大雁塔。鲜艳的中国红揭示了建筑的厚重感和当地深远的历史。

项目地点:陕西西安曲江新区慈恩路66号
建筑面积:10 000平方米
设计公司:如恩设计研究室
摄影师:Pedro Pegenaute,Jeremy San Tzer Ning
主要材料:水泥板、黑色花岗岩、嵌入金属板的木百叶、实木屏风、彩色花纹玻璃
采编:盛乃宁

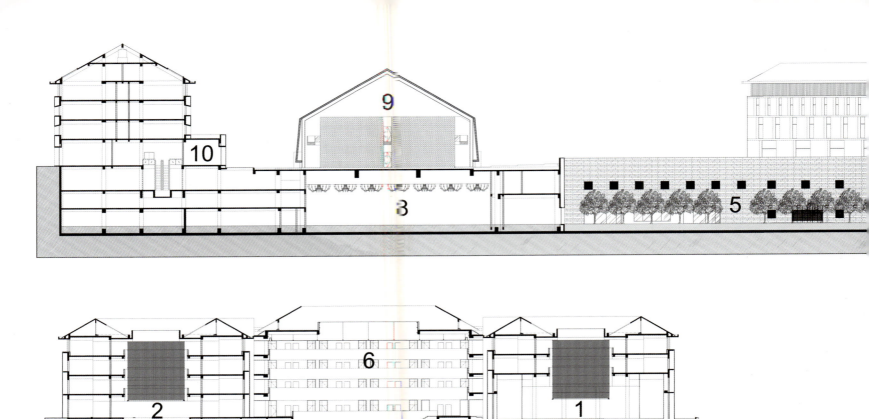
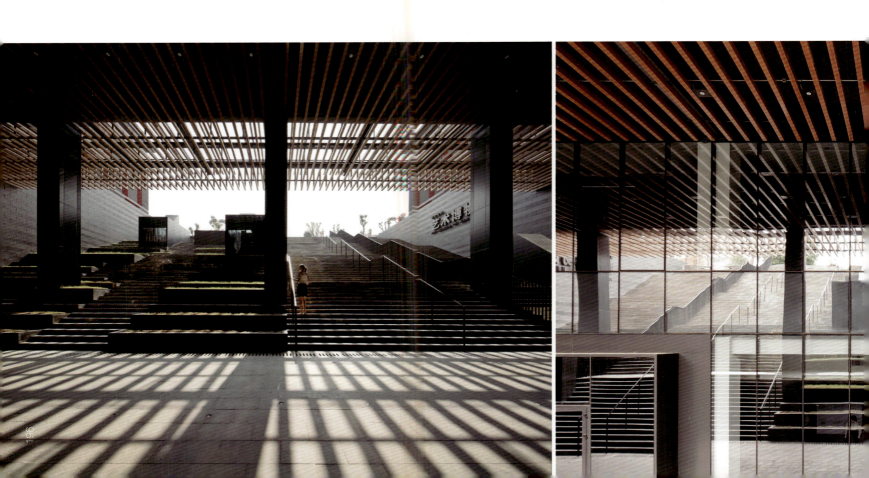

▼ 总剖面图
1. 大堂休息室
2. 室内花园
3. 博物馆
4. 室内庭院
5. 户外庭院
6. 客房
7. 博物馆入口
8. 大宴会厅
9. 中式餐厅
10. 零售店

轻盈外观——改良元素

建筑的外观具有明显的厚重感，因此设计师巧妙地运用了一些轻盈的元素弱化这一效果。从远处看，传统中国建筑中低矮厚重的坡屋顶在这栋建筑中看来却显得十分精致。笨重的顶棚搭配直化的线条，再加上下方透明的玻璃楼层，整个屋顶看起来好似漂浮在建筑上方。

走到近处，整个酒店被包围在水池的中央，给人一种空中建筑的深刻印象。在酒店的两个入口处，格栅天棚轻轻覆盖在建筑的表面，光线透过缝隙进入室内，吸引游客继续深入。

进入酒店，将有一个更大的惊喜：光线透过天窗进入庭院，在酒店的核心形成一幅美丽的画卷。为了将室外景观引入室内，在酒店的东入口，一个楼梯将游客们带到二层地下的下沉花园。花园位于酒店的中心位置，四周环绕着各种公共空间，如同地下的宫殿一般。

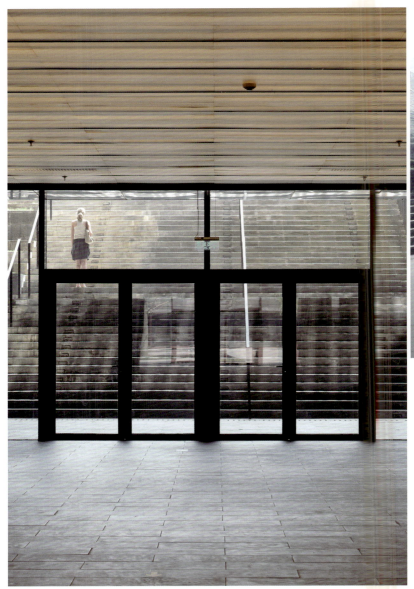

博物馆主题——艺术展品

沿着东面的入口可进入中央下沉花园，这是西安威斯汀酒店的一大特色。这栋博物馆主题的建筑内展示了各种具有当地色彩的古老壁画艺术。根据设计师对空间的定义，壁画的展示形式必须从本质上区别于其他任何形式的艺术。历史文化艺术品展示需要严格的湿度、光照和温度控制，因此展示空间的设计必须满足这些基本条件，将金属框挂在光秃秃的白墙上。除了"白色立方"博物馆的想法外，每个展示框都具有一定的特质，并且十分符合自身展示的艺术主题。通过将展示框同白墙分离开来，并且将每一幅壁画看作一个单独的个体，人们可以更好地欣赏每一幅艺术作品。

▶ 地下二层总平面图

1. 博物馆
2. 办公室
3. 户外庭院
4. 宴会厅
5. 门厅
6. 停车场
7. 后勤工作区
8. 零售店

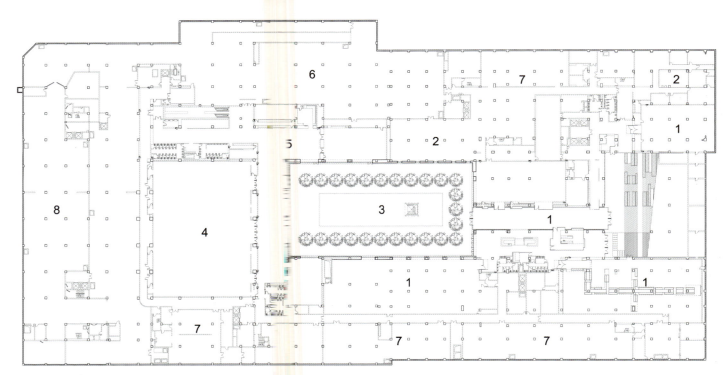

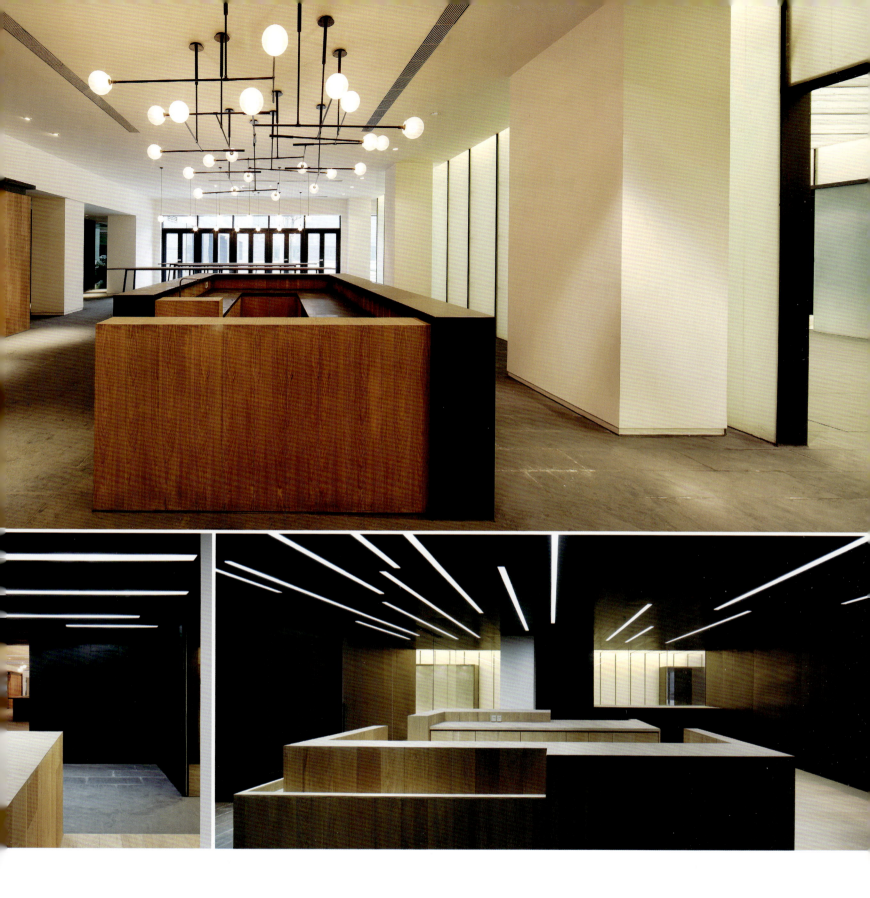

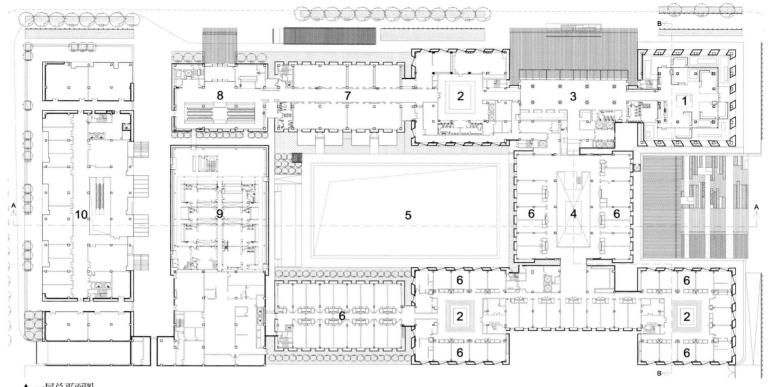

▲ 一层总平面图

1. 大堂休息室
2. 室内花园
3. 入口大堂
4. 室内庭院
5. 户外下沉式庭院
6. 客房
7. 商务中心
8. 大宴会厅入口
9. 中式餐厅
10. 零售店

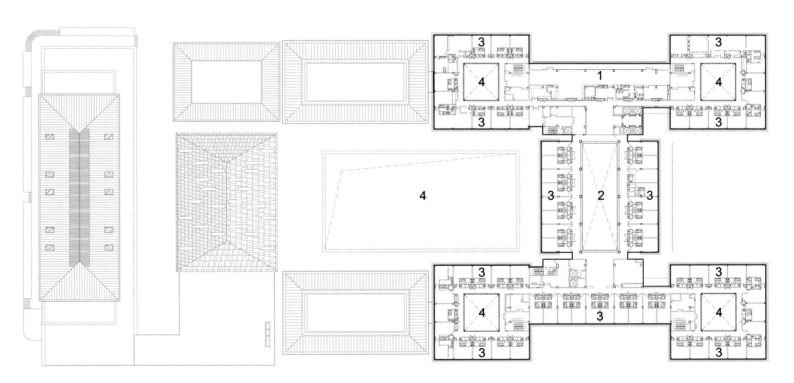

▲ 四层总平面图

1. 酒廊
2. 室内下沉式庭院
3. 客房
4. 户外下沉式庭院

特色餐厅

　　酒店内有三家特色餐厅：中式餐厅、私人餐厅和日式餐厅。中式餐厅位于下沉花园的西面，巧妙地展示了厚重屋顶的概念，低矮的孟莎式屋顶看起来好像盘旋在地面上。建筑两端凸起的老虎窗不仅为建筑内部引入光线，从这里还可以看到室外的屋顶结构。

　　私人餐厅位于一栋砖砌的建筑内部，立面上垂直的窗口不仅有利于光线进入室内，更能够欣赏到室外的迷人风光。

　　日式餐厅的设计灵感来源于歌舞伎剧场的舞台，观众区在舞台中央，演员们则围绕在四周，形成一个包围圈。在日式餐厅内，抬高的行人路线围绕整个餐厅一周，中央是下沉的用餐区域。

Haban Hotel (Jiangbei Branch), Chongqing

重庆江北威斯莱喜百年设计酒店

（关键词：时尚创意、个性艺术）

酒店设计时尚新颖，充满流行元素，大量运用黑、白、灰无色系的材料，采用玻璃、镜片等进行装饰，项目整体极具创意与时尚的现代欧式感。设计师以从不间断的西方文化符号，彰显幽默与闲适。

项目概况 重庆江北威斯莱喜百年设计酒店是重庆喜悦酒店管理公司新开的一间旗舰商务酒店,坐落于重庆市国家试点的两江新区,周围大小酒店云集。项目原名为威仕莱酒店,由一栋政府办公楼改建而成,现设计为一个全新的艺术时尚酒店。

项目地点:重庆市江北区
项目面积:7 800平方米
设计单位:重庆年代营创室内设计有限公司、新加坡WHD酒店设计有限公司
设 计 师:赖旭东
主要材料:黑色不锈钢、灰色皮革、深褐色木皮、灰色墙纸、灰色地毯
供稿单位:重庆年代营创室内设计有限公司
采编:陈惠慧

空间规划

在空间规划上,设计师放弃酒店其他回报率低的配套空间,只保留大堂、多功能餐厅、会议室和客房。在客房中,盥洗台面、洗浴和坐便区各自独立,以方便同时使用,尽显人性化。

新颖设计——时尚欧式

设计师改变了酒店原来的新古典欧式外观所用的米黄色调,用深灰、浅灰色让整个外观显得内敛、低调、神秘。而室内设计则以现代手法为主,设计线条时尚、简洁。另外为了与欧式的建筑外观相统一,在细节(如柱子、灯具、家具)上设计师运用了西方典型的浪漫主义线条造型,并搭配以欧洲的建筑摄影画、精致的雕塑小品与之相呼应。

取材别致——创意艺术

用材上大量选用黑、白、灰无色系的材料,利用黑色不锈钢、灰色皮革、深褐色木皮、灰色墙纸、灰色地毯来烘托、突出整个空间中特别定制设计的有色系的家具和艺术品,让整个酒店空间散发时尚的气息与现代的设计趣味。

► 1层平面图

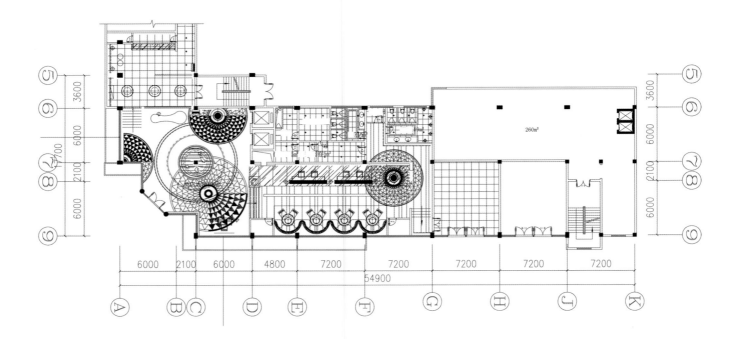

► 2层平面图

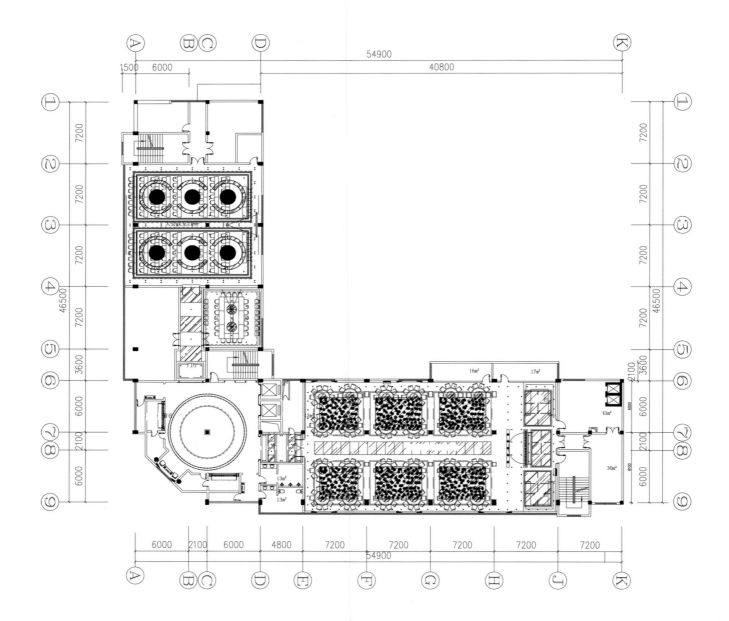

The Club Hotel

新加坡Club Hotel
（关键词：殖民地域文化、现代装饰艺术）

项目设计融入新加坡和俱乐部街的地域文化，设计从两个方面入手，采用新加坡殖民元素与现代艺术装饰。另外，作为南洋中国移民的重要汇款中心，这种特殊的地域性质和记忆被引入酒店的室内设计中，营造了一个带有殖民地色彩的时尚艺术氛围。

项目概况 Club Hotel位于新加坡俱乐部街道保护区，酒店一共有22间别致的客房，一家带露天甲板的屋顶空中酒吧和一间餐厅。其中餐厅位于酒店的首层，内部有一个提供餐前小吃的酒吧。设计通过将酒店的品牌概念化，打造出室内装饰、标志和空间环境统一的视觉效果。精细而舒适的设计不仅体现了当地的特色，同时引进了大量全球先进设备。

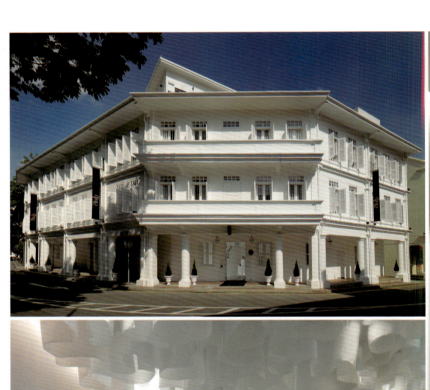

▶ 1层平面图
01 酒店入口
02 接待处
03 门厅
04 行李间
05 电梯间/莱佛士雕像

▶ 2层平面图
01-11 客房
12 电梯间+走廊
13 储藏室

▲ 4层平面图
01 电梯间
02 空中酒吧（室内）
03 空中酒吧（户外）
04 活动空间
05 小厨房
06 洗手间
07 储藏室

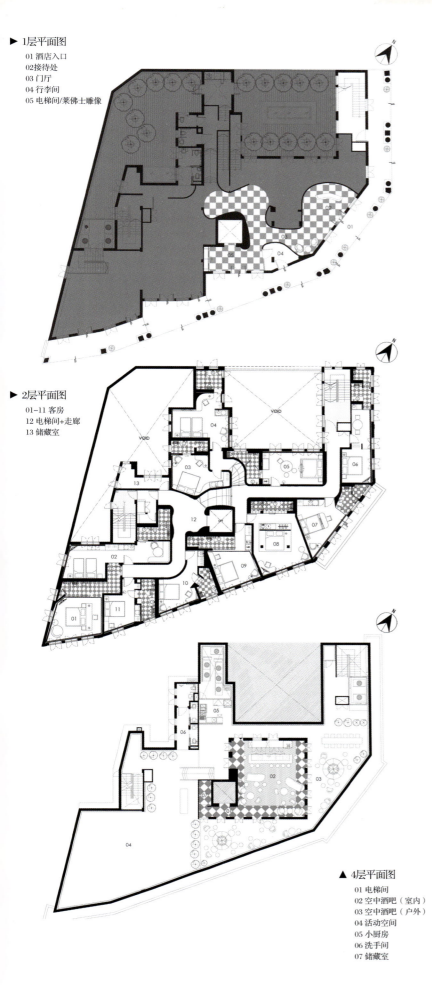

业主：Harry's Hospitality Pte Ltd.
项目地点：新加坡安祥路28号
项目面积：675平方米
设计单位：Ministry of Design
主要材料：通体砖、缎纹亚麻布、白漆、金属板
摄影：CI&A
采编：吴孟馨

殖民装饰元素——时尚艺术

通过了解新加坡以及历史文化丰富的俱乐部街及安祥山保护区内的酒店，设计师从两个方面找到了设计的灵感。

鉴于新加坡的殖民地历史，设计师采用了一种谐趣的方式设计了一些现代艺术装饰，如整个头部掩埋在云层里的莱佛士雕像，又譬如酒店里一些核心的家具和手工艺术作品。

另一方面，作为20世纪之交中国移民南洋的重要汇款中心，这种特殊的地域性质给了设计师第二个设计灵感启示。于是将有关这种特殊的交流和交易方式的记忆引入酒店的室内设计，同时建设性地创建了一系列特色设计，向顾客展示关于这片伟大土地的传奇。

设计师将传统的殖民地元素和时尚现代的细节设计融入酒店设计，创建了一个带有殖民地色彩的别致的酒店。

▶ 屋顶露台（户外）
01 吧台和座位
02 树池（带座位）
03 廊吧座位区

▶ 屋顶露台（室内）
01 吧台
02 陈列架
03 镜面艺术墙

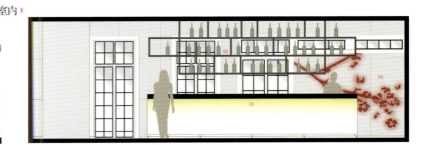

W Singapore, Sentosa Cove

新加坡圣淘沙湾W酒店

（关键词：兰花纹主题、都市绿洲）

项目位于有"花园城市"美称的新加坡，延续本土文脉，以新加坡国花——兰花的花纹为设计主题，材料和图案都就地取材，以兰花花纹、花梨木及传统花形织物传达了圣淘沙岛的热情。

项目概况 新加坡圣淘沙湾W酒店坐落在郁郁葱葱的热带岛屿上,距离新加坡商业购物区仅5分钟车程。迷人的海滩风景使其成为熙熙融融都市生活中的理想绿洲。

兰花主题——取材本土

项目设计将户外景色带入室内空间。其材料和图案都取自新加坡和圣淘沙岛,以新加坡国花——兰花的花纹为设计主题,搭配花梨木及传统花形织物,传达了圣淘沙岛的热情。

酒店大厅尽享美丽海景,瀑布、射灯及花形图案等装饰着空间。迎宾台采用激光切割的背光式花梨木制成,表面雕刻着兰花图案,屏幕后方设计照明灯,光线透过屏幕射出,形成背光式照明,花梨木投宿登记台仿佛漂浮在地板上装饰的花形激光切割图案上。

电梯门雕刻着新加坡美丽的国花——兰花,电梯室内空间装点着装饰缨球的皮革墙板及明亮的花形图案。客房走廊同样采用花朵装饰,每间客房入口悬挂着一盏激光切割的金属花形枝形吊灯。

▶ 首层和一层家具布置平面图

1. 入口大堂
2. 电梯大堂
3. 前厅
4. 男性更衣室
5. 女性更衣室
6. 男性水疗房
7. 女性水疗房
8. 湿室
9. 桑拿房
10. 夫妻治疗房
11. 健身俱乐部
12. 厨房
13. 餐厅
14. 餐厅
15. 户外餐厅

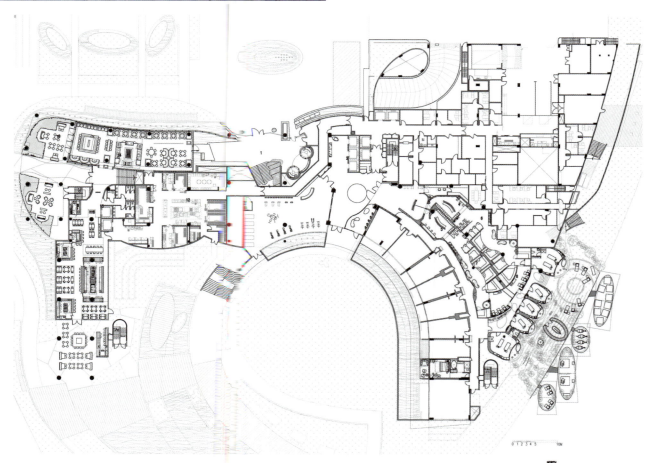

业主：喜达屋国际酒店集团
项目地点：新加坡圣淘沙岛
设计单位：Rockwell Group
供稿单位：Rockwell Group
采编：许陌

▶ 二层家具布置平面图

1. 公共区域
2. 电梯大堂
3. 零售店
4. 行李间
5. 服务大厅
6. 消防大厅
7. 女厕
8. 男厕
9. 宴会厅厨房
10. 大宴会厅
11. 甲板
12. 会议室
13. 配餐间
14. 商务中心
15. 接待处
16. 大堂
17. 酒吧

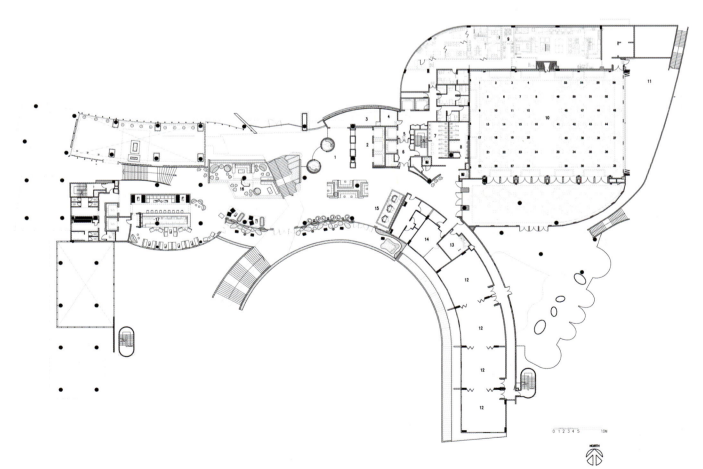

特色空间——Living Room

　　Living Room毗邻酒吧而设，是酒店极具特色的一部分。白天，它是一间高档起居室，夜晚则摇身变成俱乐部。Living Room是酒店绝佳的会面空间，内设一系列舒适的休息区：一间是沙丘状休息区，配上米色座椅和花梨木花形图案雕刻；一间是分布在瀑布和四个阶地式平台上方的休息区，内设DJ台、座椅区，茧状家具给人更为私密的感觉。透过巨大的木制玻璃框，可远眺壮观海景及游泳池的美景。媒介桌子上设置菜单，这些桌子遍布精选休息区，激光切割的球形灯装点着空间，散发出细碎的光线，照亮整个空间。

延伸设计——呼应主题

酒吧延续酒店整体设计，采用花形图案设计主题，木制墙壁、水磨地板、吧台和吧台椅都采用同样的装饰图案。这是专为小团体而设的私密VIP空间。树枝制成的吊椅及悬挂在酒吧天花板上的鸟笼灯具营造出花园空间感。户外露台与酒吧区相连接，以超大型岩石庭院为特色，配上岩石沙发床，种植草坪。

客房采用紫色、灰色、棕色和灰色调营造宁静空间氛围，乳白色的沙发与图案鲜明的地毯及造型奇特有趣的艺术品营造出一个干净而又灵动的空间；墙壁上的雕花透光兰花壁饰以及缀满立体蝴蝶的吊灯，更是大自然和现代元素的完美结合。

Siam Kempinski Hotel, Bangkok

泰国曼谷暹罗凯宾斯基酒店

（关键词：泰式文化、莲花意象）

泰国曼谷暹罗凯宾斯基酒店项目汲取曼谷丰富的历史和文化的精髓，泰式传统中融入"莲花"意象，赋予项目清新的泰式优雅格调。酒店位于闹市之中，其设计和装饰却处处流露出超脱俗世的高雅清净，如空谷中响起的阵阵笛声般悠扬，更如那不胜娇羞、静静绽放的莲花，让人的内心澄澈安宁。

项目概况 泰国拥有辉煌的艺术传统与独具特色的元素符号,凯宾斯基发现这一传统,将其融入室内设施,使其成为酒店的文化背景。精心挑选的艺术品在合理的安排下将成为酒店的亮点,展现酒店的优雅和品味。代表历史文化的典型元素——荷花和泼水也被纳入其中,成为艺术创作的灵感源泉。

业主:Kempin Siam Co., Ltd.
项目地点:泰国曼谷暹罗商业区
面积:100 000平方米
设计单位:Hirsch Bedner Associated Pte., Ltd.
建筑设计:Tandem Architects (2001) Co., Ltd.
主要材料:木材、黄铜、大理石、雪花石膏、花岗岩、砂岩
摄影:Ralp Tooten
采编:谢雪婷

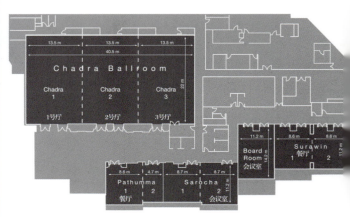

▲ 楼层平面图

主题意象——莲生百态

项目大量使用"莲花"这一意象,10间宴会厅和会议室都以各种莲花命名,室内装饰中莲花的影子随处可见。莲花水墨画、漂浮在容器中的白莲、紫莲小摆设,莲花"出淤泥而不染,濯清涟而不妖"的高洁纯美品质使得空间清净无比。

"花开见佛性",为了体现"千佛之国"的特点,项目也将"佛"元素纳入设计中。储酒墙用黄色大理石作为背景,灯光一点,体现出"佛光万丈"之感,白色圆环的设计体现出佛学中的"轮回"之意,玻璃橱窗中轻舞的佛像带来一抹"尘世纷扰,静心即可欢乐"的色彩。

泰式风情——艺术殿堂

项目着力于打造一个奢华的专属绿洲和泰国艺术遗产圣殿，郁郁葱葱的热带花园点缀其间。酒店303间客房都可以俯瞰花园和泳池。建筑与室内设计协调互补，优美的园景设计使其在曼谷众多酒店中脱颖而出。项目邀请了超过30位泰国知名艺术家（其中大部分曾获得过殊荣）为酒店创作艺术作品。历经4年调查、研究与开发，创作了超过200幅原创油画、雕塑、摄影作品等。同时，设计师还从泰国各地收集了无数件文物、艺术品与古董。这些精心挑选的艺术品、文物和古董都被恰如其分地陈列在酒店公共区域、客房和套房内。"胸藏文墨虚若谷，腹有诗书气自华。"古老的优雅夹杂着新式的摩登，形成独特的酒店文化背景，酒店的格调和品位不彰自显。

项目宽大的窗户将自然光线引入室内，使得室内通透明亮，再加上室内简洁有序的设计，使得空间更加开阔，整体空间优雅清净而又舒适。

Macalister Mansion

马来西亚麦卡利斯特酒店

（关键词：殖民主义风格、装饰艺术）

马来西亚麦卡利斯特酒店保留建筑固有特色，展现浓厚的殖民风格，并以此为主题，融入当代艺术装饰，室内现代家具与沉静的色调完美融合，传统装饰的现代化运用把马来西亚浓厚的殖民主义色彩表露无遗，展现一个具有历史主题元素的风情酒店。

项目概况 麦卡利斯特酒店是新近加盟Design Hotels（TM）公司的酒店，酒店的前身是一座具有百年历史的豪宅，酒店的命名源于以前的主人——英国总督上校诺曼·麦卡利斯特。这个历史人物也被用在酒店各个空间和场地的艺术装点中，使这座带着殖民色彩的建筑有了不一样的艺术风格。

业主：The Macalister Berhad
项目地点：马来西亚槟城
项目面积：1 700平方米
设计单位：Ministry of Design Pte.,Ltd.
主要材料：丙烯酸镜、LED灯
供稿单位：马来西亚麦卡利斯特酒店
摄影：Edward Hendricks
采编：谢雪婷

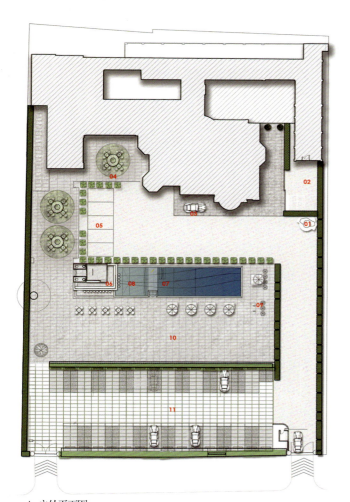

▲ 户外平面图

01 麦卡利斯特上校雕像
02 装载区
03 主入口落客处
04 户外用餐区
05 停车区
06 池畔酒吧
07 游泳池
08 戏水池
09 停车场

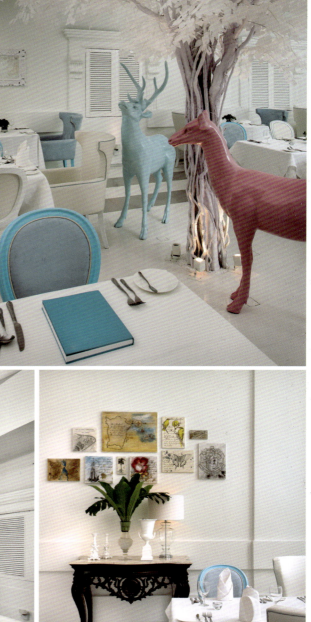

建筑布局

项目设有五个餐饮区和一个宾馆，配有健身房、电脑室、图书馆等设施。整个设计从考虑客人进入酒店的方式开始，旨在让客人到达就有一种戏剧性的感觉。酒店前的宽广空地被划分为长礼仪车道、停车场、草坪、游泳池、泳池酒吧及户外就餐区。接待中心是酒店重要的组成部分，连接着三个餐饮区（餐厅、书房和酒吧），是前往楼上八个豪华客房的必经之地。酒店的西南侧有一个独特的客厅入口，由一条小径连接到草坪旁边的游泳池和泳池酒吧。游泳池还特别设有一个水只有齐腰深的专门用来躺着的区域。泳池休息区毗邻泳池酒吧，有两个凹下去的白色网状沙发。

主题元素——殖民风格

项目用一个密闭的大整体去包裹六个个体。在设计上，恢复这座豪宅的殖民风格，加强原有的柱子、楼梯和拱门，去掉石膏露出原有的砖墙和墙檐，换上隔音效果好的窗户。酒店入口保留了建筑物原有的砖墙和飞檐等元素。接待区采用绿松石做的扇形顶部和复古华丽的木质双叶门。其中有一个铜制反射面接待吧台，投影仪投出抽象的拼贴画，加上灯光设计，共同组成富有电子感的场景。

麦卡利斯特酒店的标志设计在绿色植物构成的篱笆和原始的铁艺门之上。车道由植物篱笆划分而成，在酒店的前方，设有一个2.5米高的诺曼·麦卡利斯特白色半身雕塑。

在泳池边展示着一座白色的加农炮和一些炮弹讲述着诺曼·麦卡利斯特执政时期的传说——他诱使当地的岛民把金币投射入森林，以净化一块沿海的森林之地。高高的树篱勾勒出泳池和车道，柳树的阴影为客厅入口的户外就餐区增添了一丝斑驳的色彩。

室内设计——艺术空间

设计将原有的楼梯隐藏在接待吧台后一堵马蹄形的墙后面，投影仪投出的艺术画面使接待吧台更加吸引眼球。

酒店的8个豪华客房设计风格简约，采用实木地板，墙壁的色调以白色和灰色为主色调。其中一些客房还保留着原有的结构，有旋转楼梯、景观台和阳台。

餐厅的前身是一个庭院，光线从柔软的白色织物天花板中溢出来，中央区域的白色大树，还有粉色的动物雕塑，构成了一个童话般的氛围，为就餐的过程增添了一丝异想天开的情怀。餐厅还开辟了一小部分露天的就餐区域作为主厅的延伸。餐厅中每个标志的设计灵感都源自简单易记的"MM"标志及每个空间特定的元素。

书房包含一个小小的威士忌吧和一个雪茄室，中央有一个皮质座椅，还有精致时尚的照明灯具。

酒吧有着十分亮眼的黑色和红色折线地板图案，还有一些美丽的、具有历史性的建筑细节——一个被分为两半的华丽的拱门及框架凸窗的小角落，装饰着古董书和艺术品。

客厅保留了原有的窗花和地上红色与白色相间的瓷砖。绿色的植物和俏皮的灯具，还有各种质地的有趣椅子都与原有的装饰相得益彰。

▼ 首层平面图

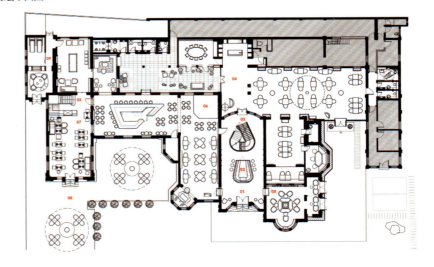

01 落客区
02 接待处
03 去客房的通道
04 Dining Room（用餐空间）
05 The Den（威士忌和雪茄吧）
06 Bagan酒吧
07 Living Room（休闲用餐空间）
08 Living Room（休闲用餐空间露天部分）
09 酒店顾客休息室

▲ 首层分区图

01 接待处
02 Dining Room（用餐空间）
03 Bagan酒吧
04 Living Room（休闲用餐空间）
05 The Den（威士忌和雪茄吧）
06 顾客休息室

▼ 一层平面图

01 蜜月套房
02-08 标准客房
09 一层大厅
10 走廊
11 家政部

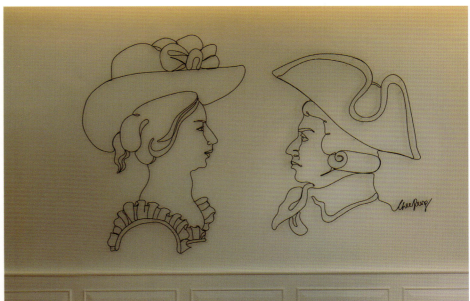

P268 云南中信资本御庭德钦精品酒店
P280 南昌洗药湖山庄度假酒店
P296 印度 Tanjore Hi 酒店

精品酒店

2 地域特色与异域风情的融合

CC Regalia Dechen Resort & SPA Hotel, Yunnan

云南中信资本御庭德钦精品酒店

（关键词：民族异域风情、混搭风格）

酒店坐落于海拔3 400米的高山林区中，周围环绕着13座冰雪覆盖的山，自然风光瑰丽迷人，设计将泰式风情融入云南迪庆藏族自治州德钦县的壮丽梅里雪山胜景之中。设计师采用泰式与藏式风情的装饰与铺设，使泰式气息与云南少数民族文化的韵味完美融合。

项目概况 酒店坐落于海拔3 400米的高山林区中,风光迷人,给人远离尘嚣、宁静庄严而又温馨舒适的感觉,令人在体验极地之旅的同时享受休闲度假氛围。酒店地理位置优越,驱车4小时可达香格里拉机场,途中风景壮丽。风景区内包括梅里雪山、雨崩村、飞来寺和明永冰川。

业主:中信资本控股有限公司
项目地点:云南迪庆藏族自治洲德钦县
项目面积:100 000平方米
供稿单位:德钦精品酒店
采编:吴孟馨

功能组成

酒店设有客房88套，其中包括21套单卧别墅和双卧别墅。酒店还有320平方米的宴会厅，可容纳170位宾客，可举行250人的鸡尾酒会；另有140平方米的高科技会议厅，可接待100位与会人员。酒店还拥有42个座位的泰式餐厅和5个单、双人套间的安缇缦水疗中心。

民族风情——泰式融入藏式

　　设计将泰式风情融入云南迪庆藏族自治州德钦县的壮丽梅里雪山胜景之中。雪山、冰川、峡谷、草甸、湖泊和多样性生物构成绮丽的自然景观；神秘独特的宗教文化、民族服饰、习俗礼仪、音乐舞蹈以及饮食风味等则共同构成了一幅异彩纷呈的藏族风情画。室内装饰完美融入泰式气息和云南藏族的文化韵味，抛光硬木地板配置地暖系统，雕花实木屏风古色古香，藏式地毯别具风情，均为摩登的内饰增添了几许异域设计情调。所有客房均装配大幅观景窗，可欣赏迷人群山或花园美景，部分客房还配有私人露台。

御庭酒店集团致力于在中国发展别具特色的休闲度假酒店，选址都在别具特色的地方，目前在苏州、南京以及云南德钦共运营四家精品酒店，每个酒店根据当地的地理环境、历史文化而拥有独特的设计和理念，提供纯泰式的安缇缦SPA以及泰式特选美食、当地天然佳肴，同时也为贵宾设计了个性化的延伸服务。

NOTES

Green Lake Resort, Nanchang

南昌洗药湖山庄度假酒店

(关键词:新亚洲风格、原生态环境)

项目充分发挥自然资源优势,以新亚洲风格为核心,保持建筑、景观与室内设计的一致性,通过艺术的设计手法,展示了中式建筑与东南亚建筑的风韵,并且巧妙地与自然融为一体。

业主：南昌市政公用集团
项目地点：江西南昌
占地面积：77 333平方米
建筑面积：5 700平方米
建筑设计：筑博设计集团股份有限公司
室内设计：深圳市深装总装饰工程工业有限公司
采编：李忍

项目概况 南昌洗药湖山庄度假酒店位于南昌市湾里区梅岭风景区，地处最高峰——飞来峰附近，海拔841米，夏季平均气温比南昌市区低7~10摄氏度，是全国十三大避暑胜地之一。酒店拥有"雄、秀、奇、幽"的自然风光，原始生态树林四季常青、气候宜人，湖光山色，融景入池，整体错落有致，蕴涵深意，远离喧闹的城市，是原生态的居所。

酒店设施

酒店类型为温泉度假型，集旅游观光、运动、养生、SPA、休闲度假、商务功能于一体，可为600人提供住宿（一期为80人）、为2 000人提供餐饮服务（一期为150人），满足2 000人的会议需求（一期为120人）。

项目由三栋不同的建筑组成，分别为一号、二号和三号楼。其中三号楼为庭院式布局，改扩建后成为酒店大堂和部分客房。二号楼为外廊式布局客房楼，一号楼规划为总统别墅。原有三栋建筑位于梅岭的崇山峻岭之间，以类似民居的简洁形态寻求与周围环境的协调，并以此形态营造出度假酒店的亲切感和舒适感。但由于其建于20世纪80年代，年久失修，已经失去酒店的基本功能。在规划设计中，设计师将原有三号楼的公共部分全部拆除，重新修建，作为新的洗药湖山庄的大堂以及会议和餐饮区。原酒店客房集中在三号楼和二号楼，设计将原有客房两间并成一间，这样整个酒店客房均为套房，面积均在55平方米以上，提升了舒适度。

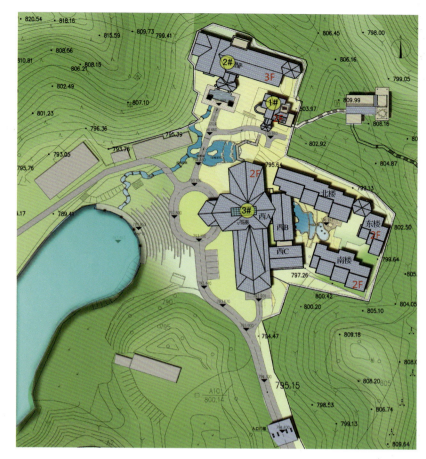

▶ 总平面图

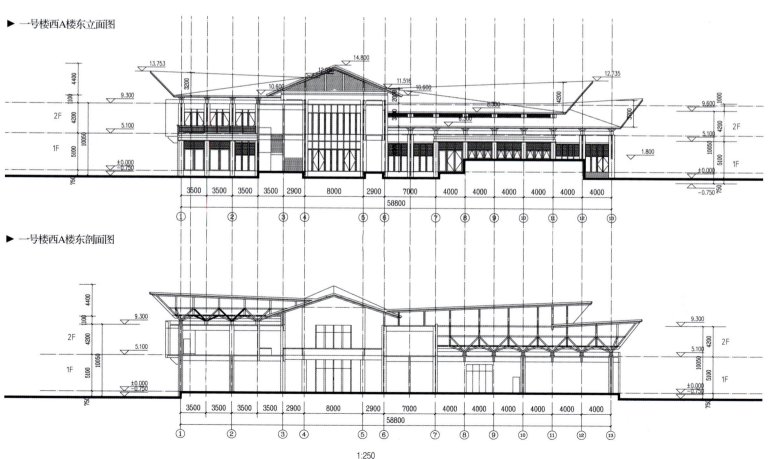

▶ 一号楼西A楼东立面图

▶ 一号楼西A楼东剖面图

1:250

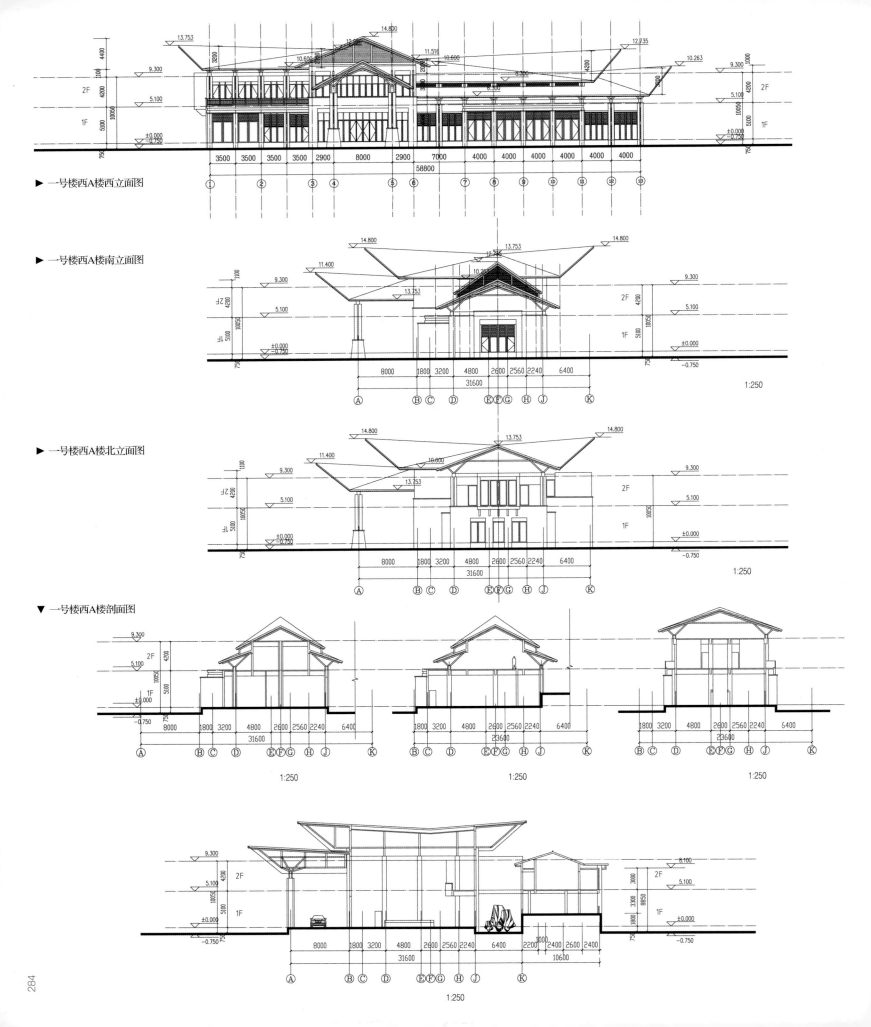

▶ 一号楼西A楼西立面图

▶ 一号楼西A楼南立面图

▶ 一号楼西A楼北立面图

▼ 一号楼西A楼剖面图

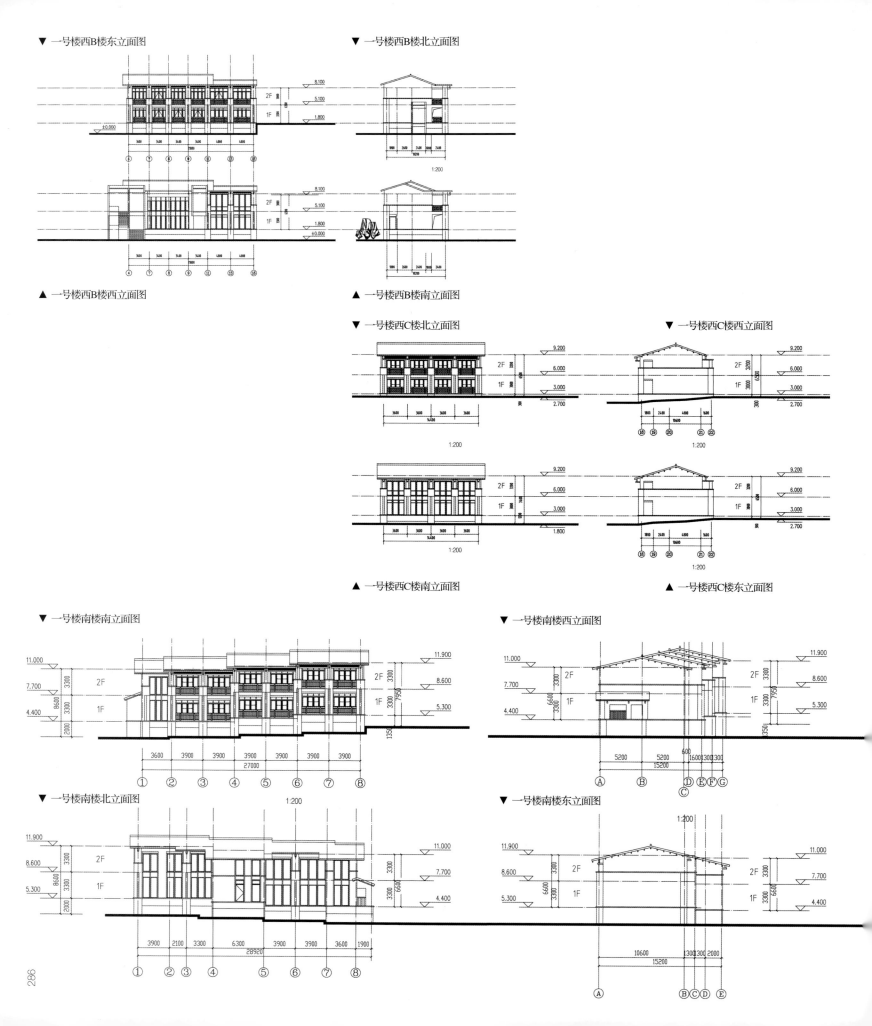

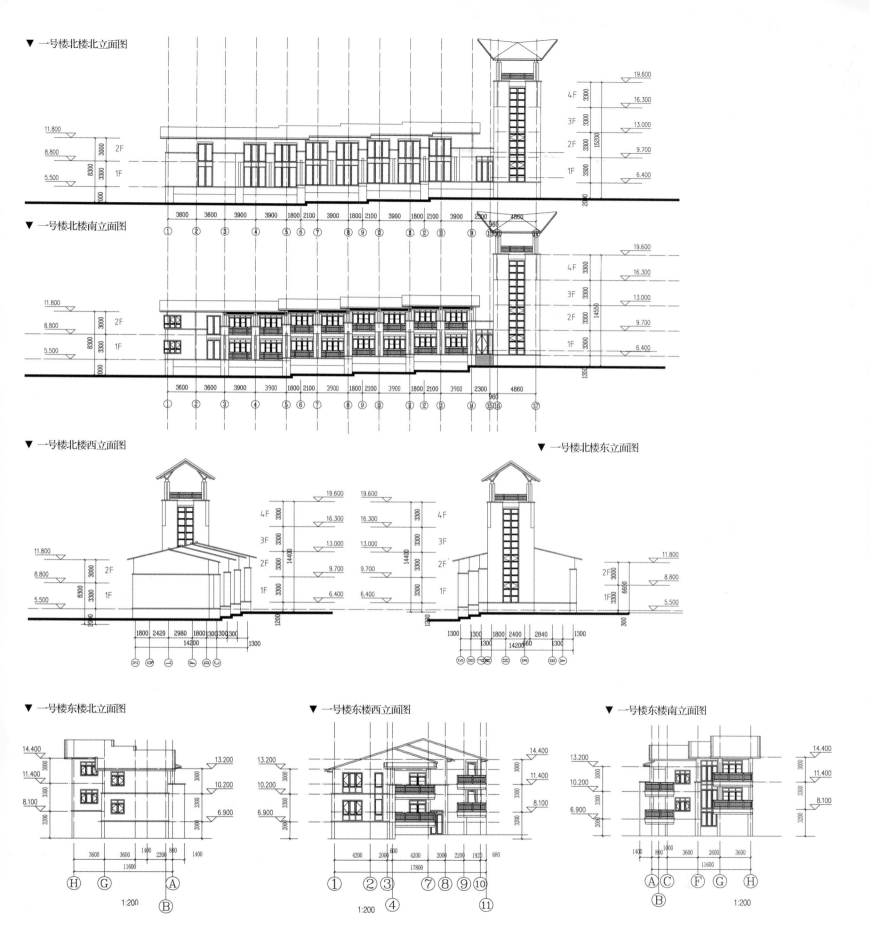

文化融合——新亚洲风格

洗药湖作为一个山庄度假酒店，其建筑风格应该与环境协调，同时酒店承担相当数量的政府接待工作，因此必须具有一定的个性。最终，设计采取了新亚洲风格的定位，使之既有中式建筑的韵味，也有东南亚度假酒店的特点。在具体操作上，通过木材（塑木）、石材（黄锈石）和灰瓦（板岩）三种材料进行混合搭配。

由于建筑位于梅岭山间，周边地势起伏很大，建筑大部分掩映于绿树丛中，不易看到。只有三号楼面向洗药湖一侧较为开敞，建筑的形体特征完整呈现。所以，设计师在造型上重点处理三号楼的主立面和整个建筑群的屋顶部分。三号楼扩建部分作为酒店的大堂，其屋顶采取了比较个性化的钢结构屋顶造型，向斜上方突出的屋顶成为整个建筑群的点睛之笔。一号楼和二号楼主屋顶维持原有悬山结构，铺设板岩瓦，同时在附件的门头和楼梯间部分使用与三号楼大堂相同的异型屋顶以与之呼应。

酒店的室内设计延续建筑设计的理念，强调室内外空间的融合，采用自然生态的建筑语言打造自然古朴的环境。

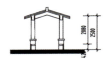
▼ 连廊立面图

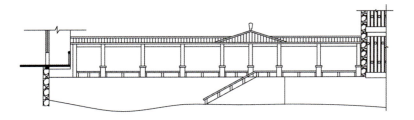

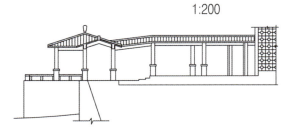

▼ 3号楼一层平面图

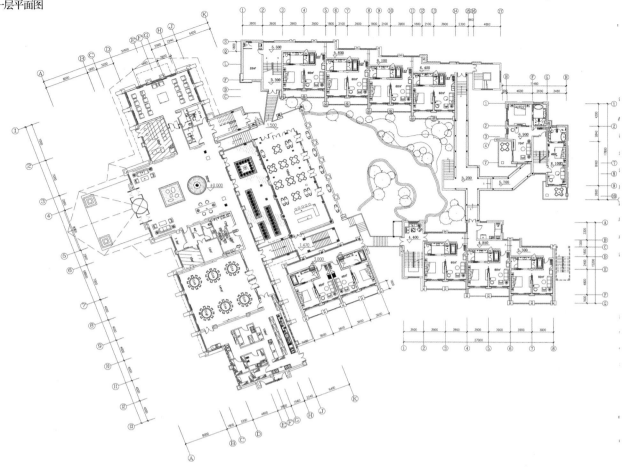

▼ 3号楼二层平面图

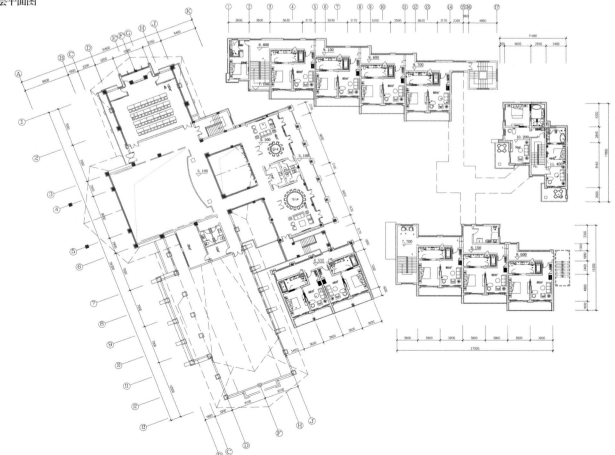

Tanjore Hi Hotel

印度 Tanjore Hi 酒店

（关键词：坦焦尔艺术、新颖创意）

酒店的原始结构经过彻底的改造，原有的房间被新的空间所取代。室内设计巧妙应用了文化的鲜明对比，并大胆采用现代的颜色和艺术。来自Frederic Delangle的摄影作品展示了坦焦尔这个古老小镇独特的魅力和丰富的文化遗产。

项目概况 酒店坐落于充满传奇色彩的印度泰米尔纳德邦的坦贾武尔市中心,紧邻历史悠久的坦焦尔宫殿。历史上,坦焦尔曾聚集了众多古典音乐家和舞蹈家,它的青铜雕塑和独特的绘画风格世界闻名。另外,打击乐器托比鼓、古典的环形乐器Veenai、坦贾武尔玩偶也是当地的特色器物,形成了浓郁的艺术氛围。14间客房和一间茶室分布于酒店的一层空间,从二楼的餐厅内人们可以尽情眺望繁忙的街道和附近的坦焦尔宫殿。

项目地点:印度坦贾武尔
面积:1 394平方米
设计团队:Dimitri Klein, Niels Schoenfelder, Balamurugan, J.T. Arima, Anirudh, Kumar, Jayakumar
设 计 师:Mancini Design
采编:汤文蕾

独特设计——坦焦尔艺术

项目由一栋20世纪40年代遗留下来的古老建筑经过修复和翻新建成。酒店的前身是皇家宅邸。从游廊入口抵达酒店接待处,一个巨型的中央旋转楼梯连接首层和二层空间。酒店的原始结构经过彻底的改造,原有的房间被新的空间所取代,功能也更加完善。在翻新的过程中设计师十分强调环境保护意识,使用了有机亚麻、太阳能和当地农田出产的有机食物。

酒店展示了丰富的文化遗迹,邀请来自全球的旅客透过艺术家Frederic Delangle的摄影作品探索坦焦尔印度南部丰富的文化遗产。空间运用浓烈而丰富的色彩,并大胆地采用撞色与拼接,浓郁的蓝、纯净的白以及绚丽的坦焦尔绘画均运用得恰到好处,地域文化与独特的艺术在这里融合,展现了这家传统精品酒店独特的灵魂和雅致的氛围。

P310 泰国Akatsuki 度假村
P330 新加坡毕麒麟街宾乐雅酒店

精品酒店 2

最大化利用自然景观资源

Akatsuki Resort, Thailand

泰国Akatsuki 度假村

(关键词:泰式与日式融合、生态设计)

Akatsuki 度假村从泰国当地建筑的屋顶和传统遮阳空间中汲取灵感,同时将泰式设计与日式设计相融合,将日式传统建筑的简单和庄严植入建筑之中。酒店的设计积极响应当地气候和景观,具有良好的私密性和舒适性。

项目概况 项目坐落于泰国苏梅岛，在四周热带丛林环绕的精致沙滩上，遥望礁湖对开的五岩岛，设计师试图将热带地区自然、生态的力量和精美纳入室内空间，使其同时展现日本与泰国风情，为来自全球各地的游客提供舒适、印象深刻的体验。

▲ 二层平面图

▲ 一层平面图

业主：Chartered Holidays Ltd
项目地点：泰国苏梅岛
开发面积：943平方米
占地面积：2 021平方米
设计单位：Riccardo Tossani Architecture
主要材料：木材、水磨石、夹层玻璃、粉末喷涂铝窗框、再生木板、水泥瓦
供稿单位：Riccardo Tossani Architecture
采编：吴孟馨

融合设计——泰式与日式

酒店亭台的设计尊重当地传统，强调自然通风和遮阳以保证舒适性。受日式建筑启发，垂直的百叶滑动屏风环绕每一座建筑单体表面，既保证了建筑的私密性，又可尽享窗外美景。垂直的屏风是建筑表面一道亮丽的风景，配合茂密的花园、陡峭的泰国双坡屋顶和波光粼粼的池面，带来了一场光与影的非凡体验。

日式和泰式混搭设计虽然颇不寻常，却也别有用心。总的来说，滑动的屏风可用于单个房间，也可用来改善整个家庭格局、适应气候波动，使得室内与户外花园相结合。这些技术直接应用于度假村的设计，同时与泰国建筑风格结合在一起，使其能够像日本建筑一样积极应对多变的天气。建筑的出檐具有良好的遮阳效果，陡峭的屋顶能够及时转移暴雨带来的雨水，同时与郁郁葱葱的热带花园相映成辉。住宅内材料和颜色的使用优雅而谨慎，同时又完美呈现了日式风格和泰国当地的传统特色。

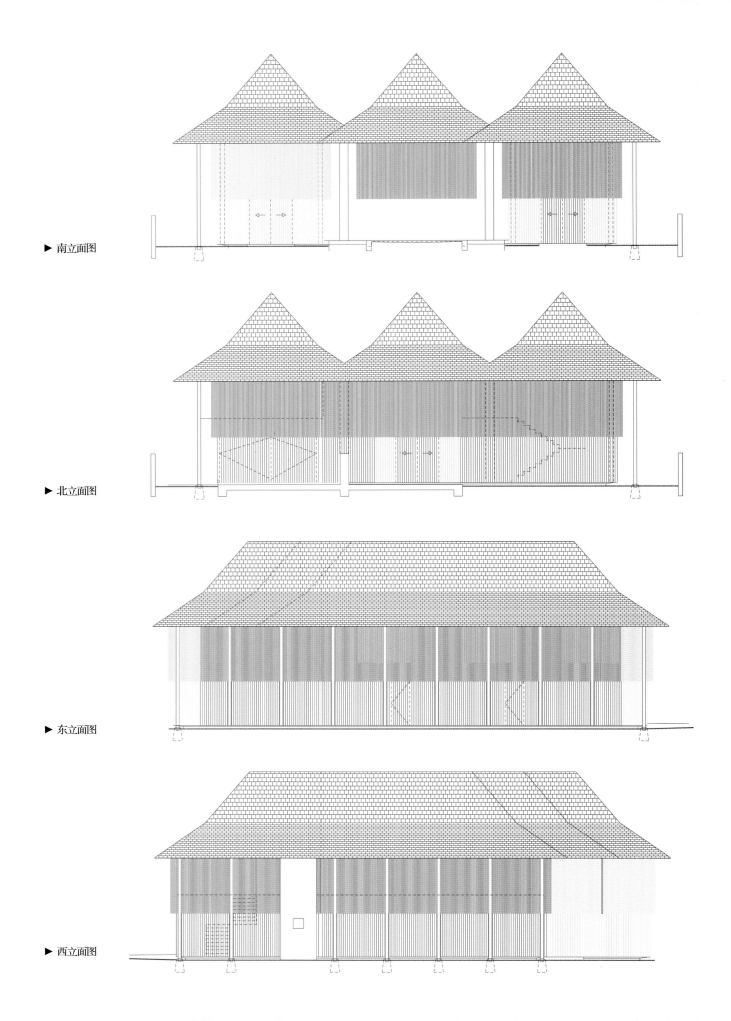

▶ 南立面图

▶ 北立面图

▶ 东立面图

▶ 西立面图

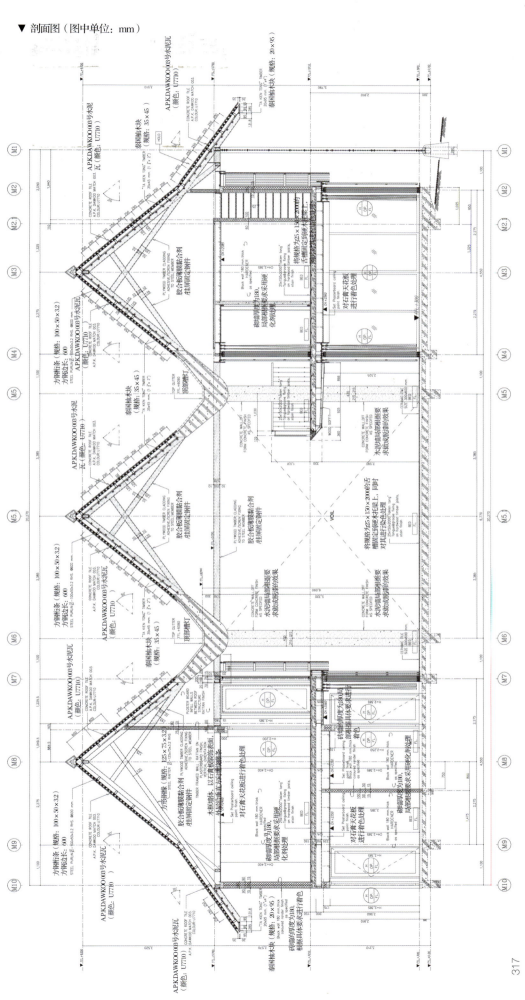

▼ 剖面图（图中单位：mm）

整体布局——景与体相融

在车道的起点，煤石子砌成的石墙上，大门的形状与酒店的格子主题遥相呼应。穿过大门，进入入口阁楼，左转进入一个郁郁葱葱的热带花园，越过喷泉右转，华丽的入口大厅正位于悬挂的格子幕帘下方。整个抵达过程使人想起谦逊而又含蓄的日本传统入堂仪式。通过倒影池的反射作用，将远处的海面美景及岛上的景观直接引入酒店的内部空间。

在遮阳出檐下方，垂直的屏幕和立柱有规则地排列，并且围绕建筑一周，形成一个精致的底座，与上层的优雅双坡顶相得益彰。在细长的水泥立柱之上，主建筑巨大的体量和起伏构造形成一个错落开放的通风走廊，拱形的中庭不仅可以作为接待厅，也可用作整个度假村的连接枢纽。

在中庭的中心柱之间，落水管沿着屋顶的轨道向下延伸，形成有效的屋顶排水系统，同时可将雨水回收利用。沿着华丽的大厅，庞大的倒影池由近及远层叠展开，流水景观将整个度假村围合成一个面向暹罗湾的马蹄状板块。酒店的主建筑位于最前端，有一个水疗室、专用的私人浴池以及套间。其次是附属的建筑，包括沙滩馆内的套房、带室内花园的庭院馆、美食馆、阴凉休憩馆和生活馆。

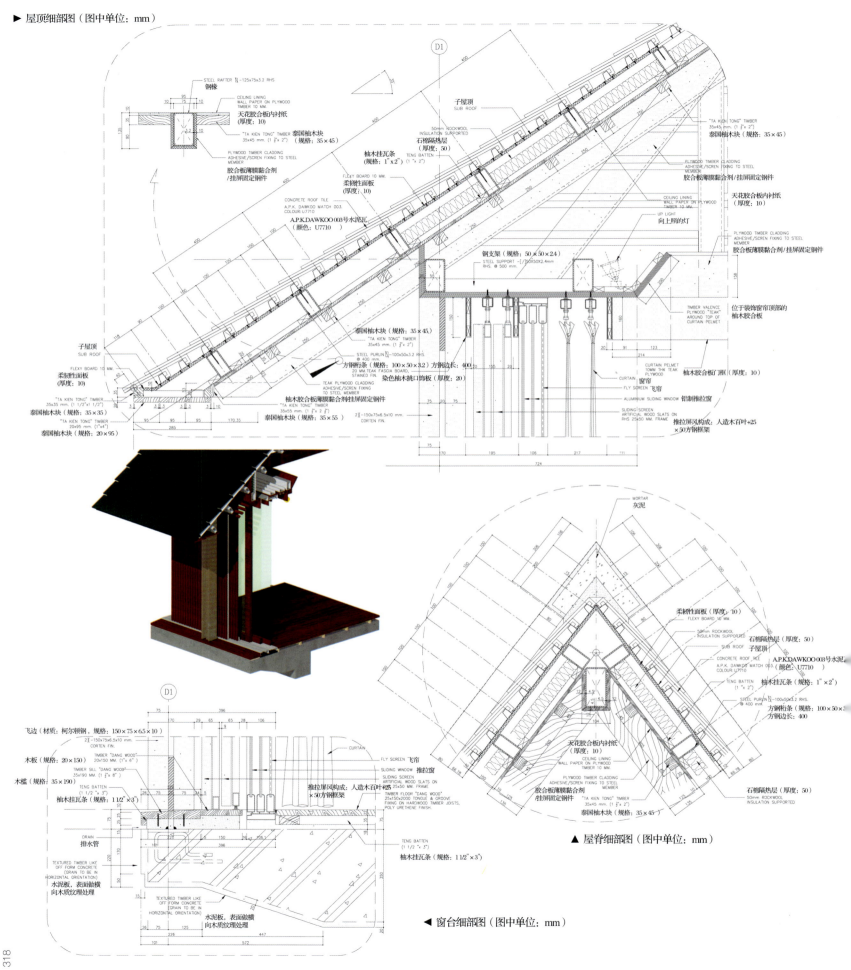

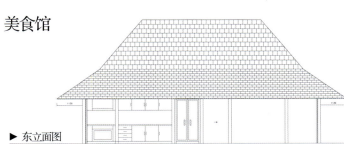
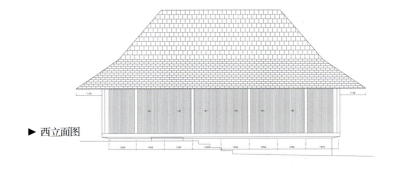

美食馆

▶ 东立面图

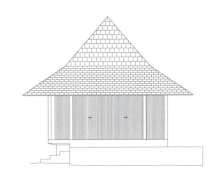

▶ 西立面图

▶ 北立面图　　▶ 南立面图　　▶ 剖面图

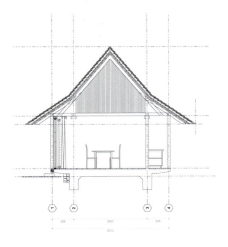

泰国与日本都是历史悠久、岛屿繁多的沿海国家。地理上的相同使得建筑具有很多相同之处，都强调自然通风、取材自然的原则。泰国属于热带国家，因此建筑上强调遮阳，另外双坡顶的房屋构造也十分常见。日本建筑青睐于使用天然的材料，近年来越来越多的项目开始使用回收材料，如本案的垂直百叶窗就是一个很好的例子。

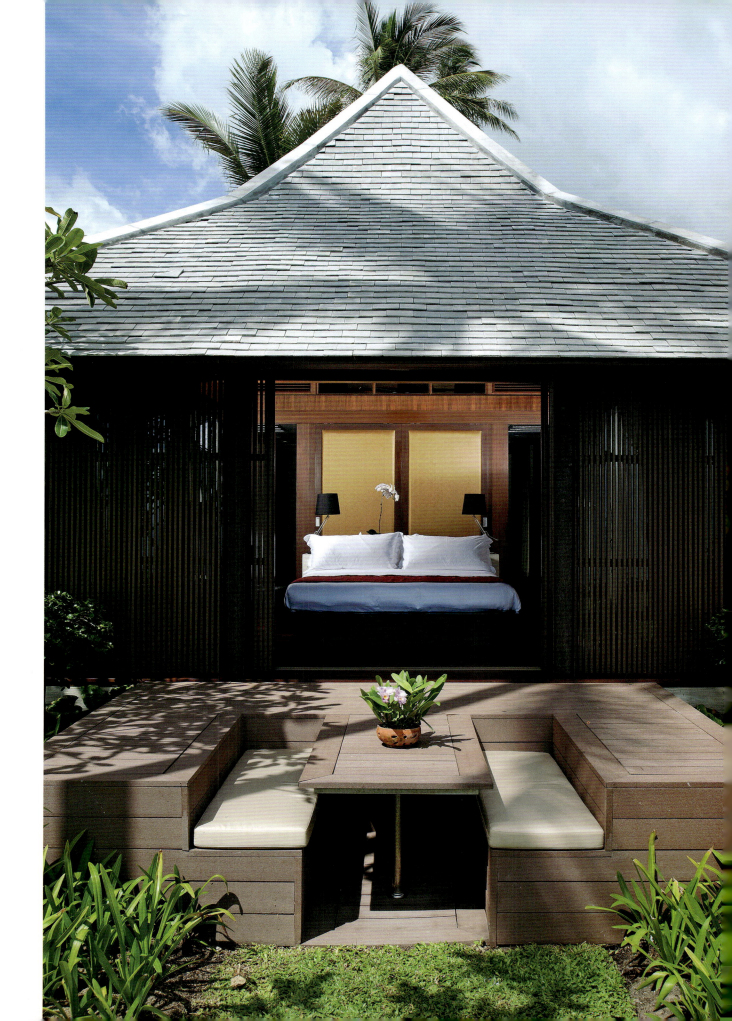

可持续设计——生态自然

  酒店的基本设计理念不仅回应当地文化和客户需求,而且还映衬了场地的景观和气候。同时,设计具有良好的可持续性,在尊重地方设计传统的基础上,尽量避免使用人工能源。

  出檐和滑动格栅屏风既提供了阴凉和隐私,同时又保证建筑享有凉爽的自然通风和壮美的沿海景观。远离空调的天然舒适性和对人工能源的依赖性是本案的关键设计原则,同时也是度假村主题的起源所在。

  酒店使用的材料包括钢筋、木材、藤条、混凝土和刷墙粉。花岗岩、混凝土和贴砖用于地面和浴室铺装,而雕刻水磨石则用于工作台面和桌子。尽量减少灯光使用的同时避免直射灯光,其目的是减少灯光污染。

Parkroyal on Pickering Street, Singapore

新加坡毕麒麟街宾乐雅酒店

（关键词：生态波浪裙楼、绿色空中花园）

新加坡毕麒麟街宾乐雅酒店受到盆景的启发，呈现出独特而与街道相呼应的波浪形裙楼外观，同时打破"墙体建筑"的概念，把周边景观纳入室内，并且以可持续的环保设计，创造出绿色生态的空中花园，展示出设计师如何在城市高层中保护绿色元素，同时在垂直层面上增加建筑多样性，最后形成一个惊人的、可持续的建筑形式。

项目概况 这是位于新加坡中心的一个商业酒店项目,地处 CBD、唐人街及克拉克港的交会处,同时朝向 Hong Lim 公园。受组合盆景的启发,酒店设计了一个回应街道尺度的波浪状裙楼。酒店的设计荣获新加坡绿色建筑白金奖、国家最环保建筑认证。

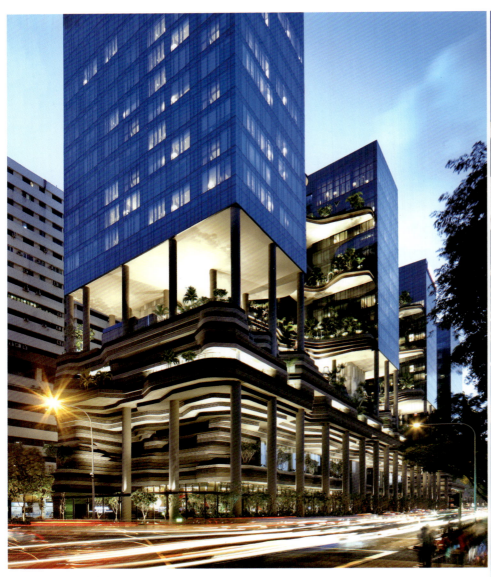

业主:华业集团有限公司
项目地点:新加坡毕麒麟街上段3号
总 面 积:29 811.54平方米
占地面积:6 958.9平方米
设计单位:WOHA建筑事务所
供稿单位:WOHA建筑事务所
采编:吴孟馨

▼ 一层平面图

1 景观广场
2 入口广场
3 城市走廊
4 酒店大堂
5 休息室
6
7 全日餐厅
8 后院

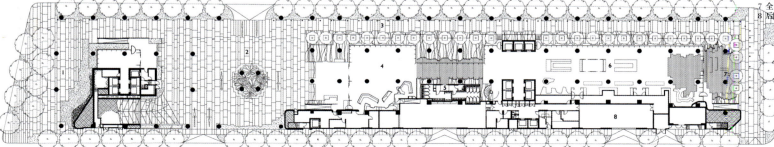

建筑外观——波浪裙楼

受组合盆景的启发，酒店设计了一个回应街道尺度的波浪状裙楼。盆景的造型千奇百怪，或似大自然景观，或似山岩，或似亚洲梯田。波浪形的轮廓实际上由具有特定半径的预制水泥构建而成，它们在垂直方向层叠向上，最终呈现了一个复杂、雕塑般的裙楼。

绿色生态——引景入室

流线型的酒店建筑与周边的高层办公建筑完美地融合在一起。酒店像一个开放式的庭院，颠覆了"墙体建筑"的概念，保证室内拥有最广阔的视野和最充足的自然光线。蓝色和绿色的玻璃使人想起附近河面上的倒影。

在酒店的首层，波浪形的轮廓勾勒出美丽的户外广场和花园，将周边的自然美景自然地引入室内。公园里的绿色植被展示了最美的山河风景画，既有山谷沟壑，又有瀑布流水。裙楼的顶部是郁郁葱葱的景观露台，这里零散地分布着一些酒店的娱乐设施。无边的泳池池畔可畅享城市的美景。鸟笼般的更衣室栖息在水面上，既有趣又令人欣喜。

自然光景——空中花园

四层的空中花园将满眼的苍翠直接引入酒店室内，打破了建筑僵硬的格局。走廊、大厅和常用的洗手间都设计成花园式的空间，里边还布置了花园里的布石小道、植物景观和水景，营造出诱人的度假村氛围，同时又保证了良好的自然光线和通风。高耸的建筑悬垂结构和宽阔的热带植物绿叶形成天然的屏障，将恶劣的天气和直射的阳光阻隔在外。

空中花园可欣赏倒影池、瀑布、植物露台和绿色墙等景观。植被的种类多种多样，范围覆盖遮阴树、高大的棕榈树、开花植物、多叶灌木和四处蔓延的爬行植物。这是一个郁郁葱葱的热带空中花园，迷人的景致不仅吸引了来往的客人，还引来了昆虫和鸟类。繁荣茂盛的绿色与邻近的芳林公园连成一片。

生态设计——环保利用

酒店所有的景观最少限度地利用周边资源，完全可以实现自给自足。从高层回收的雨水通过重力作用过滤后可用于灌溉底层的植被，也可用于水景展示。屋顶成排的光电池可为灯光提供能源，使其成为新加坡乃至全世界首个零能源消耗的空中花园。

▼ 酒店立面图

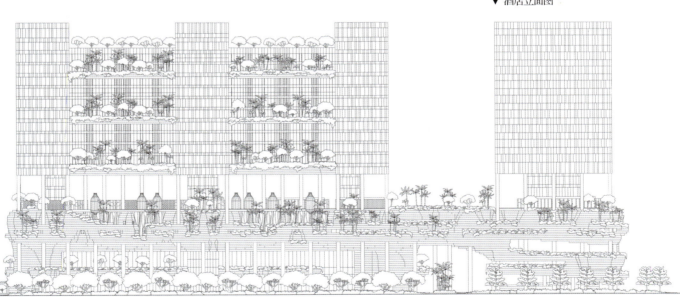

▼ 五层平面图

1 水疗室
2 更衣室
3 健身馆
4 游泳池
5 花园步道
6 鸟笼状的更衣室
7 露天运动场地
8 休息室

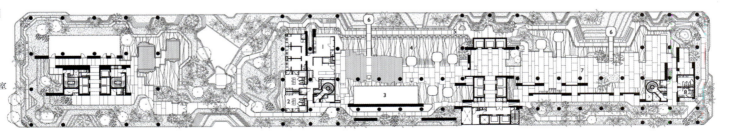

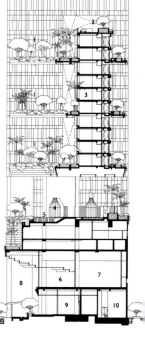

▼ 酒店剖面图

1 空中花园
2 屋顶舞台
3 客房
4 鸟笼般的更衣室
5 游泳池
6 功能前厅
7 大会议室
8 城市走廊
9 酒店通道
10 后院

▼ 二层平面图

1 会议室
2 大会议室
3 商务中心
4 休息室
5 功能前厅
6 宴会厅
7 厨房
8 后院

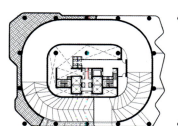
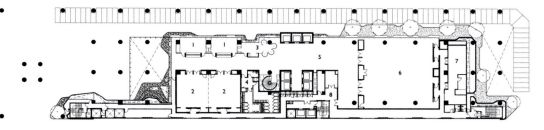

▼ 七层平面图
1 客房

▼ 十四层平面图
1 酒店空中花园
2 客房